Lilien

The Royal Horticultural Society

Michael Jefferson-Brown

Lilien

Das Handbuch zur Auswahl, Gestaltung und Pflege

CHRISTIAN VERLAG

Aus dem Englischen übersetzt von Joachim Peters
Redaktion und Satz: Barbara Kiesewetter
Korrektur: Petra Tröger
Umschlaggestaltung: Horst Bätz

Die Originalausgabe mit dem Titel *Lilies* wurde erstmals 2003 im Verlag
Quadrille Publishing Limited, London, veröffentlicht.

Fotografie: Andrew Lawson, Sarah Cuttle

Printed in China

ISBN 3-88472-627-7

Seite 1: Orientalische Hybride der Orienpet-Gruppe, *Lilium* 'Black Beauty'

Seiten 2–3: *Lilium pyrenaicum*, Candidum-Gruppe

Diese Seite: Asiatische Hybride, *Lilium* 'Lollipop'

Gegenüber liegende Seite: Orientalische Hybride der Orienpet-Gruppe, *Lilium* 'Catherine the Great'

Inhalt

1

Ich gestehe, den Lilien verfallen zu sein; die Faszination, die von ihnen ausgeht, lässt mich nicht mehr los. Und da sie im Garten sehr vielfältig zu verwenden sind, gewinnen sie immer mehr an Bedeutung.

Die Welt der Lilien

Lilien kommen, unabhängig von Größe und Form des jeweiligen Gartens, fast überall bestens zur Geltung und scheinen aufgrund ihrer Unempfindlichkeit gegen Trockenheit selbst gegen einen möglichen Klimawandel gewappnet. Die folgenden Kapitel zeigen, welche Art für welchen Standort besonders geeignet ist, und stellen die Vielzahl der Hybriden vor.

Lilien galten schon immer als etwas ganz Besonderes. Seit Jahrtausenden schätzen die Menschen sie sowohl als Zierpflanze als auch als Nahrungs- und Arzneimittel. Einige, wie etwa die Madonnenlilie oder Weiße Lilie (*Lilium candidum*), fanden schon lange vor Beginn der christlichen Zeitrechnung bei religiösen Zeremonien Verwendung.

Die Geschichte der Lilien

Die Madonnenlilie (*L. candidum*) wird in Europa, vor allem im Mittelmeerraum, schon seit mindestens 2500 Jahren als Futter- und Zierpflanze angebaut. Heute ist sie in Cottage-Gärten ebenso beliebt wie in vornehmen Anwesen.

Kaum waren die Pflanzenjäger auf die attraktiven Blüten wilder Lilien aufmerksam geworden, wurden ihre Zwiebeln gesammelt und aus ihrer Heimat in all jene Teile der Welt verschickt, in denen es Gärten gibt. Schon im 16. Jahrhundert kultivierte man in Europa mehrere Arten von Lilien. Als dann in der 2. Hälfte des 19. und zu Beginn des 20. Jahrhunderts China und der Ferne Osten näher erforscht wurden, kamen immer neue Arten hinzu. Eine Reihe natürlich entstandener Hybriden hatte man in freier Natur gefunden, weitere wurden durch Züchtung entwickelt. Die eigentliche Revolution der Hybridzüchtung setzte jedoch erst Mitte des 20. Jahrhunderts ein.

Mittlerweile ist die Lilienzüchtung in eine aufregende Phase getreten. Von den neuesten Hybriden hätte man noch vor wenigen Jahrzehnten kaum zu träumen gewagt. Die gewaltige Größe einiger Orientalischer Hybriden mag zwar bei manchen ein gewisses Unbehagen auslösen, doch die übrigen züchterischen Aktivitäten sind uneingeschränkt zu begrüßen. Während Lilien asiatischer Herkunft immer Bewunderer finden, hat ihre Kreuzung mit *L. longiflorum* eine äußerst robuste Varietät großer, prächtiger Pflanzen hervorgebracht, die jedem Garten eine besondere Note geben. Und der Einfluss des kalkverträglichen Mandarin-Türkenbunds (*L. henryi*) bei der Kreuzung mit orientalischen Sorten bedeutet aus Sicht des Gärtners einen sehr wichtigen Fortschritt, weil die daraus hervorgegangenen Pflanzen in Böden von sehr unterschiedlichem pH-Wert gedeihen und sich zugleich durch die opulente Schönheit Orientalischer Lilien auszeichnen, die auf Kalk ausgesprochen allergisch reagieren.

Die Anfänge

Die Illustrationen sind aus John Parkinsons *Paradisi in Sole Paradisus Terrestris* aus dem Jahr 1629 entnommen. Die Blumen werden von links nach rechts unter ihrer damaligen Bezeichnung aufgeführt; ihre heutigen botanischen Namen sind in Klammern angehängt. 1) Martagon Flore albo. Die weiße Martagon (*L. martagon* var. *album*). 2) Martagon fünf. *Lilium canadense maculatum*. Die getüpfelte Martagon oder Lilie von Kanada (*L. canadense*). 3) Martagon Pomponeum. Die frühe rote Martagon (*L. pomponium*).

Es lässt sich nicht mehr nachvollziehen, wann genau die enge Verbindung zwischen Mensch und Lilie begann oder auf welche Lilienart die Menschen zuerst aufmerksam wurden. Was letztere Frage anbelangt, favorisiert die Fachwelt zum einen die Tigerlilie (*L. lancifolium*) und zum anderen die Madonnenlilie (*L. candidum*). Die Tigerlilie stellt in Teilen Chinas, wo verschiedene Formen als Tierfutter angebaut werden, seit Jahrtausenden ein wichtiges Futtermittel dar; vielleicht lässt sich die relativ weite Verbreitung der triploiden (einen dreifachen Chromosomensatz aufweisenden) Form auf ihren Nutzwert und ihre Robustheit zurückführen. Auch die Eingeborenen Nordamerikas ernährten sich – und das vermutlich seit uralten Zeiten – unter anderem von zahlreichen Zwiebelgewächsen, darunter auch Lilien.

Die Behauptung, als erste Lilienart habe der Mensch die Madonnenlilie für sich entdeckt, beruht in erster Linie auf ihrer Verwendung als Nahrungsmittel, obwohl auch ihre Blüten bei religiösen wie weltlichen Zeremonien genutzt wurden. Als Ziermotiv findet sich diese Lilie bereits auf einem minoischen Fresko, das auf Kreta bei Amnissos unweit von Knossos gefunden wurde und jetzt im Museum von Heraklion aufbewahrt wird. Die genaue Entstehungszeit dieses Freskos ist nicht bekannt, aber die Kultur der Minoer geht auf die Zeit zwischen 3000 und 1500 v. Chr. zurück. Darstellungen der Madonnenlilie finden sich auch in der Kunst der Assyrer und der frühen Ägypter. Erst später wurde die Pflanze mit dem Christentum assoziiert. Sie galt als Symbol für Johannes den Täufer und eine Reihe anderer Heiliger und wurde in Spanien erstmals im Jahr 1043 mit der Jungfrau Maria in Verbindung gebracht. Erst in der Renaissance aber wurde *L. candidum* zum Symbol für die Mutter Christi; daher stammt auch der Name Madonnenlilie.

Schon sehr früh fand *L. candidum* rund ums Mittelmeer und darüber hinaus Verbreitung. Dafür dürften zu einem großen Teil die Phönizier, jene große Seefahrer- und Händlernation des Altertums, verantwortlich gewesen sein. Als Urheimat der Art gilt heute der östliche Mittelmeerraum und der Balkan. Schon zu Beginn des 19. Jahrhunderts war sie sowohl in Cottage-Gärten als auch in den Gärten der Oberschicht häufig. Ihr Erfolg in Cottage-Gärten beruhte vermutlich darauf, dass sie sich dort ungestört und weit weg von anderen Lilien entfalten konnte. Ihre Anfälligkeit für Viruskrankheiten führte dazu, dass ganze Bestände geschwächt und vernichtet wurden, während dieselben Viren anderen Arten weniger anhaben konnten.

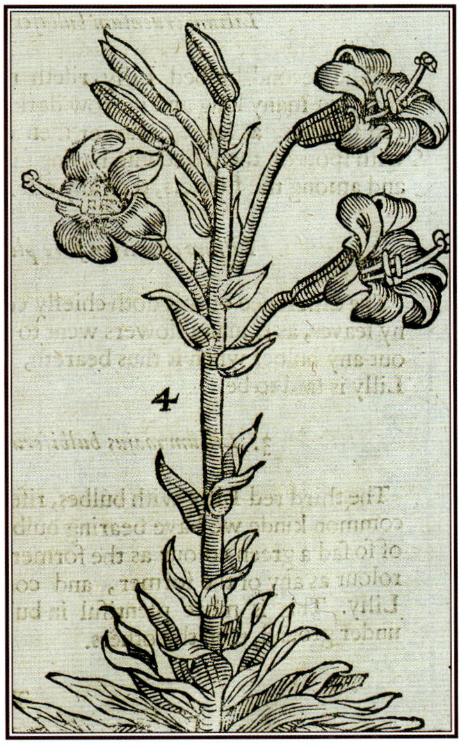

4) Lilium album. Die weiße Lilie (*L. candidum*)

EUROPÄISCHE ARTEN

In Universitäten und Klöstern wurden – häufig wegen ihres medizinischen Nutzens – Sammlungen verschiedener Pflanzen angelegt. Pflanzenbücher belegen, dass bereits im Jahr 1597 sowohl in Privatgärten als auch in Gärten verschiedener Institutionen mehrere europäische Lilienarten angepflanzt wurden. Das Buch des Botanikers John Gerard aus jener Zeit führt fünf Arten auf: die Madonnenlilie (*L. candidum*), die Feuerlilie (*L. bulbiferum*), *L. croceum*, *L. chalcedonicum* und die Türkenbundlilie (*L. martagon*). John Parkinson fügt in seinem *Paradisi in Sole Paradisus Terrestris* von 1629 drei neue Arten hinzu – *L. pyrenaicum* und *L. pomponium*, beide aus europäischen Gebirgen, sowie *L. canadense*, die schon früh aus Nordamerika nach Europa kam.

Die heute beliebteste dieser Arten ist die Türkenbundlilie (*L. martagon*). Aus frühen Gartenbüchern geht hervor, dass sie schon seit dem 15. Jahrhundert in europäischen Gärten weit verbreitet war. Es ist nicht bekannt, ob ihr irgendeine Heilkraft zugeschrieben wurde, doch ihr Wert als Zierpflanze muss schon früh erkannt worden sein. Die Türkenbundlilie wird besonders wegen ihrer Langlebigkeit, ihrer anmutigen Trauben nickender Blüten und ihren Farben geschätzt. Sie reichen von reinem Weiß über Pink bis zu dunklem Braunrot wie etwa *L. martagon* var. *cattaniae*.

Aus der europäischen Feuerlilie *L. bulbiferum* mit ihren weit geöffneten orangefarbenen oder goldgelben schalenförmigen Blüten wurden durch Kreuzung mit verschiedenen Lilien aus dem Fernen Osten die äußerst erfolgreichen Asiatischen Hybriden gezüchtet. Obwohl die Feuerlilie eine üppige, schnellwüchsige, sehr früh blühende Pflanze ist, sollte sie im Garten häufiger versetzt und vermehrt werden, da sie einen Standort leicht erschöpfen und dann absterben kann. Ganz anders ist eine weitere schon seit langer Zeit angepflanzte europäische Art, *L. pyrenaicum*, die in der Regel zeitiger blüht als alle anderen Lilien. Sie war früher in Gärten weiter verbreitet als heute und hat reichlich schmale, leuchtend grüne Blätter und nickende, dunkel gefleckte, turbanförmige, meist kräftig zitronengelb gefärbte Blüten.

AMERIKANISCHE UND ASIATISCHE ARTEN

Die ersten Europäer, die sich in Amerika ansiedelten, stießen dort auf eine völlig neue Flora. Sie schickten verschiedene Lilien nach Europa, von denen aber nur wenige sich in den Gärten durchsetzen konnten. Als widerstandsfähigste Art erwies sich die Pantherlilie (*L. pardalinum*). Sie hat den Vorteil, dass man sie nach dem Pflanzen mehrere Jahre sich selbst überlassen kann. Zu den am meisten geschätzten Neuentdeckungen gehörte *L. canadense*, die bei den Lilienfreunden noch immer hoch im Kurs steht, obwohl trotz ihrer frühen Einführung in Europa im Jahr 1629 noch immer nicht endgültig geklärt ist, unter welchen Bedingungen sie am besten gedeiht. Sie wächst in manchen Gärten prächtig, während sie in unmittelbarer Nachbarschaft ein kümmerliches Dasein fristet. Manchmal hält sie sich mehrere Jahre sehr

Die Tigerlilie *L. lancifolium* var. *splendens* ist eine kräftige Form einer üppigen Art, die sich schon seit langem in unseren Gärten großer Wertschätzung erfreut und zu den wichtigsten Vorfahren der Asiatischen Hybriden zählt.

gut, bevor sie aus unerfindlichen Gründen plötzlich stark nachlässt. Ihre relativ großen, hängenden Blüten in Gold- oder Orangetönen wirken sehr elegant, und die spitz zulaufenden Blütenblätter beschreiben einen Bogen.

Die Erforschung des Fernen Ostens und insbesondere Chinas wurde häufig von Missionaren vorangetrieben. Viele waren von der Pflanzenwelt des Landes so fasziniert, dass sie eigene Sammlungen anlegten. Zu ihnen gehörte Père David, dessen Name bis heute in der Art *L. davidii* fortlebt, einer attraktiven Lilie mit orangefarbenen, hängenden Blüten. In den Gärten stand sie allerdings immer ein wenig im Schatten der Tigerlilie (*L. lancifolium*, früher *L. tigrinum*), die sich sehr gut kultivieren ließ.

Die lange Abschottung Japans vom Welthandel führte dazu, dass es schwierig war, aus diesem Land Pflanzen zu bekommen. Vor allem zwei Arten unterschieden sich von allen anderen und verkörperten das Geheimnis des Fernen Ostens: die Prachtlilie (*L. speciosum*) und die Goldbandlilie (*L. auratum*). Erstere verfügt über gestielte Blätter und zurückgebogene, nickende, zart duftende Blüten in Weiß und Pink, angeordnet in Rispen, Letztere hat große Blüten mit breiten Blütenblättern und einen sehr kräftigen Duft. In Großbritannien wurde sie 1862 erstmals zur Blüte gebracht und im Juli desselben Jahres in der Royal Horticultural Society gezeigt, wo sie gewaltiges Aufsehen erregte.

Die Goldbandlilie (*Lilium auratum*) wurde erstmals von der berühmten Baumschule Veitch vorgestellt – einem der im 19. und 20. Jahrhundert aktivsten Betriebe dieser Art, der für die Einführung zahlreicher Pflanzen aus Asien verantwortlich zeichnet. Zwischen 1877 und 1879 wurden bereits große Mengen an Goldbandlilien eingeführt. In späteren Jahren ging die Zahl der nach Europa verschickten Pflanzen vermutlich in die Millionen. Doch die Zwiebeln waren anfällig gegen die Fusarium-Welke und wurden in europäischen Gärten von Viren befallen. Sie gediehen besser in warmen Klimazonen wie im amerikanischen Staat Oregon und Teilen Neuseelands. Heute spielen vor allem die pflegeleichteren Hybriden aus Goldband- und Prachtlilie im Garten eine Rolle.

China schien eine Schatzkammer von Lilien, vor allem der Trompetenlilien, zu sein, obgleich nicht alle in Gärten gut gediehen. Die meisten haben herrliche weiße Blüten: *L. leucanthum*, *L. longiflorum* und *L. wallichianum* stammen vom chinesischen Festland, *L. philippinense* und *L. formosanum* sind nach ihren Heimatinseln benannt. Die kommerziell bedeutendste war *L. longiflorum*. Sie war leicht aus Samen zu vermehren und war als Schnittblume sehr beliebt. Die gelben *L. sargentiae* und *L. sulphureum* sind nicht so leicht gesund zu erhalten, leisteten aber einen wichtigen Beitrag zur Züchtung goldgelber Hybriden. Keine dieser Arten hat jedoch einen ähnlichen Einfluss auf die Gartenszene gehabt wie die Königslilie (*L. regale*).

Die Königslilie (*L. regale*) war von Anfang an durch eine robuste Konstitution gesegnet: Die Zwiebeln ließen sich bestens kultivieren und brachten reichlich Samen, der sich rasch zu blühenden Pflanzen entwickelte.

DIE GESCHICHTE DER KÖNIGSLILIE

Zu Beginn des 20. Jahrhunderts reiste Ernest Wilson im Auftrag der Firma Veitch nach China, um Samen des Taubenbaums (*Davidia involucrata*) und anderer Pflanzen zu beschaffen. Im Jahr 1903 befand er sich im Min-Tal im Westen Szetschuans, einer engen Schlucht mit hohen, steilen Wänden, als dort eine ganz bestimmte Lilie in Blüte stand. Tausende von Stängeln hingen von den Seiten der Schlucht herab und verströmten ihren Duft. Wilson hatte den einzigen bekannten Lebensraum der Königslilie (*L. regale*) entdeckt, die manche für die prächtigste und am weitesten verbreitete Lilie in unseren Gärten halten. Er beschrieb den möglicherweise aufregendsten Augenblick in der Entdeckungsgeschichte der Pflanzen folgendermaßen:

»Dort, in engen, semiariden Tälern, durch die reißende Ströme hinabstürzen, und umringt von Bergen aus Tonschiefer und Granit, deren Gipfel von ewigem Schnee bedeckt sind, liegt die Heimat der Königslilie. Im Sommer herrscht brütende Hitze, im Winter Eiseskälte, und zu allen Jahreszeiten sind diese Täler plötzlichen, heftigen Stürmen ausgesetzt, gegen die weder Mensch noch Tier ankommen. Dort grüßt im Juni am Wegesrand, in Felsspalten am Fluss und hoch oben am Steilhang diese Lilie den müden Wanderer. Und dies nicht zu zweien oder dreien, sondern zu Hunderten, Tausenden, ja Zehntausenden. Ihre schlanken Stängel, von denen jeder zwischen zwei und vier Fuß lang, biegsam und straff wie Stahl ist, überragen das grobe Gras und Buschwerk. Gekrönt sind sie von einer bis mehreren großen, trichterförmigen Blüten, die außen mehr oder weniger weinrot sind, auf der Vorderseite reinweiß und leuchtend und im Innern des Trichters im reinsten Kanariengelb gehalten, während jeder Staubfaden eine goldene Anthere trägt. In der Kühle des Morgens und am Abend ist die Luft von einem köstlichen Duft erfüllt, der von jeder einzelnen Blüte ausströmt. So verwandelt diese Lilie die öde Halbwüste für kurze Zeit in ein wahres Märchenland.«

Wilson nahm viele Zwiebeln der Königslilie mit und führte sie nach Europa und Amerika ein. Rund 3000 Exemplare gingen im Herbst 1904 an die Baumschule Veitch. Ein Jahr später blühte die Lilie zum ersten Mal in Großbritannien, und seither ist sie aus den Katalogen der wichtigsten Fachhändler nicht mehr wegzudenken.

Die Anfänge der Züchtung

Die Goldbandlilie (*L. auratum*) war eine echte Sensation, als sie in den 60er-Jahren des 19. Jahrhunderts aus Japan eingeführt wurde. Mit den größten Blüten ihrer Gattung – sie erreichen 25–30 cm Durchmesser – galt sie als Wunder der Natur. Die unterschiedlichen Weißtöne ergänzt der sternförmige, goldgelbe Streifen auf der Mitte jedes Blütenblatts, dem sie ihren deutschen Namen verdankt.

Im 19. und frühen 20. Jahrhundert waren die europäischen Gartenfreunde ganz begierig auf neue Zwiebeln aus dem Fernen Osten. Viele der neu entdeckten Lilien entwickelten sich zum Spielzeug der Reichen und zur Quelle von Rivalitäten zwischen wohlhabenden Familien. Sehr beliebt waren die Trompetenlilien, am begehrtesten aber wohl die verschiedenen Sorten der Goldbandlilie (*L. auratum*). Die Züchter wetteiferten um die größten Blüten und üppigsten Blütenstände. In der Septemberausgabe der Zeitschrift *The Floral World* von 1869 findet sich ein Bericht, in dem die Art mit Lob überschüttet wird und das Konkurrenzdenken unter den Aristokraten zum Ausdruck kommt:

»*Lilium auratum* fängt gerade erst an, ihr wahres Potenzial zu zeigen. Die Firma Standish & Co. aus Ascot besitzt eine Pflanze, die im vergangenen Monat in Blüte stand; ihr einzelner Stängel misst 13 Fuß und trägt über hundert Blüten. Bei einer Versammlung der Royal Horticultural Society am 17. präsentierte Mr Goode, Gärtner der Witwe Lady Ashburnam aus Melchet Court, Romney, Hants, ein wahres Prachtexemplar mit neun Fuß hohen Hauptstängeln, die einen Fuß über dem Boden einen Zoll dick waren und, zusammen mit kürzeren Stängeln, insgesamt 152 Blüten trugen – ein wunderbares Beispiel gärtnerischen Könnens.«

Die Gärtner neigten dazu, ihre Pflanzen mit Nährstoffen förmlich zu überschütten, was meist katastrophale Folgen hatte, da die Zwiebeln derart fette Kost nicht gewohnt waren. In ihrer Heimat hatte die Art mit den mageren Ascheböden der ruhenden japanischen Vulkane vorlieb nehmen müssen. So kam es vor, dass Gärtner in Europa beim Leeren ihrer Töpfe feststellen mussten, dass die Zwiebel spurlos verschwunden war. Dabei hatte es keinerlei Hinweise auf irgendwelche Probleme gegeben; Stängel und Blüte waren vom ausgedehnten Wurzelsystem versorgt worden, das vom Stängel ausging – ein Beispiel dafür, wie effektiv die alljährlich aufs Neue stattfindende Wurzelbildung am Stängel sein kann.

E. H. Wilson beschreibt, wie er die Spezies in freier Natur angetroffen hat:

»In Japan gibt es viel mageren, nährstoffarmen Boden, aber nirgends ist er weniger fruchtbar als an den Hängen des Fiji und in den vulkanischen Ablagerungen der Nachbarprovinz Idzu.

In der Umgebung von Matsushima, einem bezaubernden Ort im Norden Japans, fand ich diese Lilie in großer Zahl in grobem, grauem Sandstein vor. Im Westen Japans, in der Provinz Uzen, sah ich sie auch wild wachsend an kiesigen Hängen inmitten von kleinen Sträuchern und groben Gräsern. Diese Lilie gedeiht am besten in durchlässigem, porösem Boden und nicht etwa in fettem Humus. Wie alle Lilien liebt auch sie Lauberde, während sie unbelüfteten, sauren Torfboden gar nicht schätzt und erst recht keinen frischen stickstoffhaltigen Dung.«

Bis zum Ausbruch des Ersten Weltkriegs fanden sich in Cottage-Gärten häufig ganze Büschel der Madonnenlilie (*L. candidum*), die oft als eine von wenigen Blumen zwischen dem Gemüse wuchs. Auch die Türkenbundlilie (*L. martagon*), die Feuerlilie (*L. bulbiferum*) und *L. pyrenaicum* haben wohl damals – sozusagen als Vermächtnis der klösterlichen Kräutergärten des Mittelalters – die einfacheren Gärten geziert. In anspruchsvolleren Gärten richteten sich in den rund 50 Jahren vor Beginn des Zweiten Weltkriegs die Bemühungen vor allem darauf, Voraussetzungen zu schaffen, unter denen die importierten Arten am besten gediehen – eine Anstrengung, die leider nur hin und wieder zum Erfolg führte.

Die Türkenbundlilie *L. martagon* var. *cattaniae* 'The Moor' ist ein selektierter Klon der dunkelblütigen Variante der Art, die seit mehr als fünf Jahrhunderten in europäischen Gärten heimisch ist.

DAS VORDRINGEN DER MODERNEN HYBRIDEN

Als Erste zogen möglicherweise die Japaner große Mengen an Lilien aus Samen, wobei sie neben ihren einheimischen Arten vor allem auch auf die aus China eingeführten *L. maculatum* und *L. dauricum* zurückgriffen. Da diese Lilien dicht beieinander wuchsen, kam es zu gegenseitiger Bestäubung, und so wurde bald eine ganze Reihe von Hybriden nach Europa eingeführt und von den niederländischen Züchtern als *L.* x *maculatum* vermarktet. Diese relativ leicht zu kultivierenden Pflanzen waren die Vorläufer unserer modernen Asiatischen Hybriden. In den 30er- und 40er-Jahren des 20. Jahrhunderts sammelte der Niederländer Jan de Graaff in seinen Zwiebelfarmen in Oregon so viele Arten und Sorten, wie er nur konnte, um anschließend mit einem hoch motivierten Team ein breit angelegtes Kreuzungsprogramm (siehe Seite 75) zu starten. Viele der Asiatischen Hybriden konnten ihre Abstammung zumindest teilweise auf die *L.-maculatum*-Sektion zurückführen. Beteiligt waren auch die von Niederländern aus dieser Sektion durch Kreuzung mit der europäischen Feuerlilie (*L. bulbife-*

'Star Gazer' hat sich zu der bei Floristen beliebtesten Lilie entwickelt. Die Sorte darf vermutlich als die wichtigste Schnittblume überhaupt gelten, die jemals kultiviert worden ist.

rum) gezüchteten Hybriden, die unter den Bezeichnungen *L.* x *hollandicum* und *L.* x *umbellatum* bekannt wurden. Einige der daraus resultierenden Sämlinge kamen als Mid-Century-Sektion in den Handel. Seit Mitte des letzten Jahrhunderts sind die meisten Lilientypen erfolgreich gekreuzt worden und dem Liebhaber steht eine Vielfalt herrlicher Pflanzen zur Verfügung.

Die modernen Hybriden sind leicht zu kultivieren. Die Schnittblumenindustrie braucht Millionen von Zwiebeln, während Gärten mit Tausenden oder Zehntausenden auskommen, und so wird weitaus mehr Arbeit in die Produktion von Sorten investiert, die sich gut als Schnittblumen eignen. Da aufrecht wachsende Arten am einfachsten zu schneiden und zu verpacken sind, beherrschen sie mittlerweile den Markt. Seit den 50er-Jahren des 20. Jahrhunderts bilden die asiatischen Arten das Rückgrat des Blumenhandels, doch mittlerweile setzen sich die größeren Sorten aus der Kreuzung von *L. longiflorum* mit den asiatischen Sorten, gemeinhin als LA-Hybriden bezeichnet, bei den Floristen durch, da sie einfach zu kultivieren sind und die größeren Blüten haben.

Im Jahr 2000 erhielt die Sorte 'Star Gazer' den Preis für die größte Anbaufläche einer Sorte. Mit 225 Hektar übertraf sie die weiße Orientalische Hybride 'Siberia'. Die LA-Hybriden sind prächtige Gartenpflanzen, und auch die Asiatischen sind nach wie vor in großer Vielfalt erhältlich. Eine weitere Marktnische wird von kleinwüchsigen Lilien besetzt, besonders von solchen, die für die Topfkultur geeignet sind. Die Orientalischen Hybriden werden schon deshalb intensiv gezüchtet, weil sie hervorragende Schnittblumen sind; Gartenliebhaber mit kalkfreien Böden können sie im Freiland kultivieren; andere setzen sie als Kübelpflanzen ein. Und seit kurzem gibt es Hybriden aus der Kreuzung Orientalischer Lilien mit Verwandten des Mandarin-Türkenbunds (*L. henryi*), die die Kalkverträglichkeit der Spezies geerbt haben.

Was ist eine Lilie?

Lilien bilden sehr viele Samen und die Türkenbundlilie (*L. martagon*) ist womöglich die verschwenderischste von allen. Da jede Samenschote 40 bis 100 Samen enthalten kann, lassen sich die Ausmaße einer »Bevölkerungsexplosion« leicht hochrechnen.

Der Begriff Lilie wird seit Jahrhunderten so allgemein verwendet, dass er oft nicht viel mehr bezeichnet als eine Blume, die im günstigsten Fall noch eine gewisse Ähnlichkeit mit einer echten Lilie aufweist. Ein kurzer Blick auf die Liste der »falschen« Lilien (siehe Seite 155) verdeutlicht, dass es viele dieser Pflanzen gibt und sie mit Ausnahme der Faltenlilie (*Lloydia*) nicht einmal zur Familie der Liliengewächse zählen, geschweige denn zur Gattung *Lilium*.

Die Gattung *Lilium* ist in der nördlichen Hemisphäre heimisch, und ihre 80 bis 100 Arten sind über Europa, Asien und Nordamerika verteilt. Sie sind Zwiebelpflanzen, auch wenn die Form ihrer Zwiebeln sehr unterschiedlich sein kann und die Größe der ausgewachsenen Pflanze zwischen wenigen Zentimetern und über drei Metern liegt. Die Pflanzen sterben im Winter meist ab; nur die Madonnenlilie (*L. candidum*) und eine oder zwei seltene Arten behalten ihre Blattrosette und können somit als immergrün bezeichnet werden.

Die Samen ähneln flachen Scheiben, die wie Platten in der Samenschote gestapelt sind – in jeder der drei Kammern befinden sich zwei Stapel –, und so ist es nicht ungewöhnlich, dass von einer einzigen Schote über 100 brauchbare Samen geerntet werden können. In freier Natur verteilt sich nach dem Aufbrechen der Schote der Samen an günstige wie an ungünstige Stellen, und so reift in der Regel nur ein kleiner Teil der Keimlinge zu blühenden Pflanzen heran. Unter kontrollierten Bedingungen dagegen kann der Gärtner eine Keimquote von fast 100 Prozent erzielen.

Die Sämlinge der meisten Lilien bringen ein einzelnes riemenförmiges Keimblatt hervor. Kurz nach Erscheinen des ersten richtigen, elliptischen oder lanzettlichen Blattes bilden sich winzige Zwiebeln aus. Einige Lilien lassen das Keimblattstadium einfach aus und bilden neben den Samen Brutzwiebeln mit Wurzeln; sie durchbrechen erst viel später mit ihren ersten richtigen Blättern den Boden. Unter günstigen Bedingungen wachsen die Brutzwiebeln der meisten Lilien recht schnell; schon nach wenigen Wochen haben sie ihre Masse verdoppelt oder vervielfacht. Gleichzeitig werden weitere Blätter gebildet, bis eine kleine Blattrosette entstanden ist. Kräftigere Pflanzen versuchen mitunter, schon im ersten Jahr einen Stängel mit kleinen Blättern daran zu bilden, aber die meisten warten damit bis zum zweiten Jahr, und nicht immer ist ihr Stängel dann von einer Blüte gekrönt.

LILIENZWIEBELN

Alle sehr beliebten Lilien wie die Hybriden asiatischer Arten, die Trompetenlilien und die Orientalischen Lilien, besitzen runde, konzentrische Zwiebeln aus Schuppenblättern, die konkav gewölbt sind und die inneren Schuppen sowie den Vegetationspunkt umhüllen. Die Schuppen können schmal und stark gekrümmt sein, meistens umfassen sie ein Viertel oder gar ein Drittel der Zwiebel. Der Blütentrieb erhebt sich aus der Mitte der Zwiebel. Nach der Wachstumsperiode stirbt der Stängel ab, wobei sich die Zwiebel häufig in zwei Teile spaltet. Die beiden neuen Vegetationspunkte sind deutlich zu erkennen; je nach Alter und Triebkraft der Zwiebeln kann das Gewebe um die beiden potenziellen neuen Zwiebeln zerreißen, sodass eine Zwillingspflanze entsteht.

Einige amerikanische Arten wie etwa die Pantherlilie (*L. pardalinum*) und ihre Hybriden bevorzugen eine andere Methode. Ihre Zwiebeln bestehen zwar ebenfalls aus Schuppen, die aber offen um einen rhizomartigen Wurzelstock angeordnet sind; nur die Vegetationspunkte verfügen über neuere, hellere Schuppen, die dicht aneinander liegen und anzeigen, wo die nächsten Blütentriebe austreiben. Die älteren Schuppen und der Wurzelstock bleiben noch über längere Zeit bestehen, sodass eine ungestört wachsende Zwiebel im Lauf der Jahre ein umfangreiches Gebilde aus Wurzelstock und Schuppen ausbildet. Wer es nicht abwarten kann, solche Zwiebeln zu vermehren, muss sie mit einem scharfen Messer teilen und darauf achten, dass jedes abgetrennte Teilstück über mindestens einen Vegetationspunkt verfügt (siehe Seite 142). Ein oder zwei Arten, wie *L. canadense*, scheinen auf den ersten Blick konzentrische Zwiebeln zu haben, bis gegen Ende der Wachstumsperiode jede einzelne Zwiebel seitlich einen oder mehrere dicke Ausläufer ausgetrieben hat, die wie Arme ausgreifen und an ihren Enden neue Zwiebeln bilden.

Einige asiatische Arten, wie die *L. duchartrei,* treiben aus scheinbar normalen konzentrischen Zwiebeln unterirdische Sprosse aus. Diese streben aber nicht auf kürzestem Weg zur Erdoberfläche, sondern wachsen unterirdisch und bilden in Abständen neue Zwiebeln. Irgendwann bricht der Spross dann durch die Erdoberfläche. Der Gärtner muss beim Bearbeiten der Umgebung dieser Pflanzen äußerst vorsichtig sein, weil er nie weiß, wo sich der unterirdische Spross und die neuen Zwiebeln befinden. Mitunter kann der blühende Spross 30 oder gar 60 cm von der Mutterzwiebel entfernt sein – das sollte man vor allem beachten, wenn man nach dem Stecken der Zwiebeln Stäbe in den Boden steckt. Auch andere, nicht mit *L. duchartrei* verwandte Arten und Hybriden versuchen gelegentlich diese Methode.

DIE WURZELN

Die Wurzeln treten aus dem Zwiebelboden an der Basis der Zwiebel aus, an der die Schuppen angewachsen sind. Es gibt zwei verschiedene Arten von Wurzeln. Die dicken, kräftigen, mit einer Reihe deutlich sichtbarer Ringe versehenen Wurzeln reichen bis tief in den Boden und sind in der Lage, sich wie eine Ziehharmonika zusammenzuziehen, um die Zwiebeln tiefer in die Erde zu bringen. Dies ist vor allem dann wichtig, wenn Brutzwiebeln von den Stängeln auf den Boden fallen und tiefer in die Erde eindringen müssen. Zahlreicher jedoch sind die faserigen Wurzeln, die

VIER ARTEN VON LILIENZWIEBELN

1

2

3

1) Konzentrische Zwiebeln
Die meisten Lilienzwiebeln sind konzentrisch. Sie variieren in Größe und Tiefe, bestehen aber immer aus konkaven Schuppen, die dicht um den Vegetationspunkt angeordnet sind. Einige schmale Schuppen sind lockerer verteilt.

2) Konzentrische Zwiebeln mit taillierten Schuppen
Die Zwiebeln der Sektion der Türkenbundlilien (*L. martagon*) weisen taillierte Schuppen auf, die an der Taille leicht brechen.

3) Rhizomartige Zwiebeln
Etliche amerikanische Arten haben Zwiebeln mit brüchigen Schuppen, die bei grober Behandlung gleich abbrechen. Jede Schuppe trägt das Potenzial für eine neue Pflanze in sich.

4) Zwiebeln mit Ausläufern
Die Zwiebeln von *L. canadense* treiben kräftige seitliche Ausläufer, an deren Ende sich jeweils eine neue Zwiebel bildet. Diese Methode wird nur von wenigen Arten angewandt.

4

mit ihren unzähligen Wurzelhärchen die Nährstoffe aus dem Boden aufnehmen. Viele Lilien bilden auch am Stängel zwischen Zwiebel und Bodenoberfläche Wurzeln aus. Bei einigen handelt es sich nur um Scheinwurzeln, doch bei den meisten bilden sie ein Netz, das zwei Aufgaben erfüllt: Es verbessert die Nährstoffzufuhr und verankert den Stängel fester im Boden. Ohne diesen zusätzlichen Halt wäre der Stängel stärkeren Winden schutzlos ausgeliefert. Diese Wurzeln sind oft ringförmig angeordnet, dazwischen befinden sich nur relativ wenige zusätzliche Wurzeln.

DIE BLÄTTER DER LILIEN

Lilienblätter sind normalerweise lanzettlich, variieren aber in Breite, Farbe und Anordnung. Die Wissenschaft nimmt an, dass der evolutionäre Prototyp der Lilie in Wirteln angeordnete Blätter besaß, wie dies heute noch bei Türkenbundlilie (*L. martagon*) und Pantherlilie (*L. pardalinum*) der Fall ist. Üblicher jedoch ist die Verteilung der Blätter über die ganze Länge des Stängels, wobei mitunter ein Spiralmuster erkennbar ist. Manche Lilien sind üppig mit Blättern ausgestattet, ande-

EINIGE BLATTTYPEN DER LILIEN

Wirtelförmig angeordnete Blätter: Bei den Mitgliedern der Martagon-Sektion sowie zahlreichen nordamerikanischen Arten sind die Blätter in regelmäßigen Wirteln angeordnet. Die unteren Wirtel sind größer als die oberen. Am oberen Ende des Stängels können auch einzelne Blättchen stehen.

Wechselständig oder zerstreut stehende Blätter: Dies ist die häufigste Form der Belaubung von Lilien. Trompetenlilien haben oft hohe Stängel mit sehr schmalen, teils dunklen Blättern, Asiatische Hybriden meist fleischigere, breitere, leuchtend grüne Blätter; bei einigen kann das Blattwerk auch dunkler sein.

Die Blätter der Prachtlilie (*L. speciosum*): Bei einigen der orientalischen Arten besitzen die Blätter ganz oder teilweise eigene Blattstiele. Häufig sind sie versetzt angeordnet und lanzettlicher als bei den meisten anderen Lilien. Diese Art von Blattwerk verleiht der Pflanze eine gewisse Eleganz.

Die Tigerlilie *L. lancifolium* var. *flaviflorum* bildet in den Blattachseln dunkle Brutzwiebeln aus – ein charakteristisches Merkmal sämtlicher Formen dieser Art.

re eher sparsam. Bei manchen schmiegen sich die Blätter dicht an den Stängel, bei anderen stehen sie rechtwinklig ab oder sind nach unten gebogen. Meist sitzen die Blätter direkt am Stängel; einige östliche Arten, die Orientalischen Lilien und ihre Hybriden haben teilweise Blattstiele. Die Farbe des Laubs reicht von Blassgrün bis zu einem dunklen, fast schon schwarzen Purpurrot.

DIE STÄNGEL DER LILIEN

Das Tempo, mit dem Lilien sich im Frühjahr entwickeln, ist geradezu atemberaubend. Haben sie erst einmal die Erdoberfläche durchbrochen, kann man fast zusehen, wie sie in den Himmel schießen. Die Stängel der meisten Lilien sind so kräftig und aufrecht wie Bambus, sodass sich die abgestorbenen Exemplare als provisorische Stützen nutzen lassen. Ihre Farbe reicht von Grün bis hin zu einem dunklen, fast schwarzen Rotbraun wie bei der Tigerlilie (*L. lancifolium*) oder der Sorte 'Festival'.

Die Hauptaufgabe der Stängel besteht natürlich darin, das Laub und die Blüten zu tragen, was zuweilen an sich schon keine leichte Aufgabe ist, da manche Pflanzen 50 bis 100 Blüten ausbilden. Mitunter haben die Stängel aber noch eine andere Funktion. Zahlreiche Lilien bilden am gesamten unterirdischen Teil des Stängels Brutzwiebeln aus, von ganz winzigen bis hin zu solchen von der Größe eines Golfballs. Ein kleinerer Teil der Lilien imitiert das Verhalten der Tigerlilie (*L. lancifolium*) und produziert große Mengen dunkler Brutzwiebeln in den Blattachseln. Manchmal findet sich in einer Blattachsel auch mehr als eine dieser Brutzwiebeln, und so bringt ein Stängel angesichts der Vielzahl an Blättern unter Umständen bis zu 100 oder mehr Brutzwiebeln hervor.

Die spät blühende Prachtlilie (*L. speciosum*) öffnet sich nach außen oder nach unten. Sie zählt zu den elegantesten Lilien überhaupt.

DIE BLÜTEN DER LILIEN

Es gibt wohl kaum jemanden, der sich von der Pracht der Blüten einer Lilie nicht beeindrucken ließe – seien es ein oder zwei Einzelblüten (wie bei *L. formosanum* var. *pricei* oder einigen Arten aus Tibet) oder bis zu drei Meter hoch aufragende Blütenstände mit Dutzenden von Blüten. Die Anzahl der Blüten kann gigantische Ausmaße annehmen. Ich weiß noch, wie ich als Sechsjähriger meinem Vater geholfen habe, an einem einzigen Stängel von *L. davidii* var. *willmottiae* über 150 Blüten zu zählen. Zu ähnlichen Ergebnissen kann man bei einer ausgewachsenen Zwiebel der Sorte 'Black Beauty' kommen, wenn sie sich an ihrem Standort wohl fühlt.

Die Farbpalette reicht von (manchmal grünlichem) Weiß bis zu kräftigstem Gelb und von Orange bis Rot. Eine neue Züchtung von der Südhalbkugel wird sogar als »schwarz« beschrieben. Es gibt unzählige Farbkombinationen, wobei oft eine Farbe in eine andere übergeht. Kontrastierende Farben können als Flecken, Adern, Zeichnungen (etwa hell mit dunklerem Rand) auftreten oder wie Pinselstriche wirken.

Eine wichtige Rolle spielt die Stellung der Blüten – hier hat der Schnittblumenmarkt großen Einfluss auf die Züchtung genommen. Die Nachfrage nach leicht zu schneidenden und leicht zu verpackenden Blumen hatte zur Folge, dass aufrechte Sorten solche mit seitlichen und hängenden Blüten in einem Verhältnis von mehr als 100 : 1 übertreffen. So wird die Verteilung der Wuchsformen in freier Natur vollständig auf den Kopf gestellt, denn bei wild wachsenden Lilien kommt die hängende oder halb hängende Blütenstellung weitaus häufiger vor, weil bei ihr die Pollen und die Narbe besser geschützt sind.

Während der Gärtner an der Blüte sechs Blütenblätter zählt, sieht der Botaniker einen äußeren Ring von drei Kelchblättern und einen inneren Ring mit drei Blütenblättern; wirft er sie doch einmal alle in einen Topf, bezeichnet er sie als »Tepalen«. Wir nennen sie der Einfachheit halber »Blütenblätter«. Diese sind mehr oder weniger gleichmäßig strukturiert, aber von Nektarkanälen durchzogen, die zur Vereinfachung der Bestäubung auf das Zentrum zuführen. Die Nektarkanäle können unterschiedlich gefärbt sein und bilden einen sechszackigen Stern. Einige Arten weisen auf der Innenfläche Erhebungen auf, die der Botaniker Papillen nennt. Der Man-

Der hängende Mandarin-Türkenbund (*L. henryi*) stellt seine Papillen zur Schau – ein völlig natürliches Muster kleiner, pickelförmiger Erhebungen, die keineswegs die Folgen irgendeiner Krankheit sind. Auch andere Arten weisen, wenngleich in geringerer Zahl, solche Papillen auf, die mitunter durch eine andere Färbung noch deutlicher hervorgehoben sind.

darin-Türkenbund (*L. henryi*) rollt seine Blütenblätter zurück, um zahlreiche große Papillen zu präsentieren, und auch die Prachtlilie (*L. speciosum*) sowie die Orientalischen Hybriden sind großzügig mit Papillen ausgestattet, die oft farblich abgesetzt sind.

Während die normale Lilienblüte aus sechs Blütenblättern besteht, gibt es auch Varietäten, bei denen Staubblätter und Narbe blütenblattähnliche Formen angenommen haben, was zur Ausbildung gefüllter Blüten geführt hat. Bei einigen, etwa bei der asiatischen Sorte 'Fata Morgana', sind die zusätzlichen Blütenblätter etwas kleiner und überlagern mehr oder weniger die ursprünglichen sechs, sodass die Blüte nur bei näherem Hinsehen als gefüllt zu erkennen ist. 'Pamela Jean' ist eine leicht gefüllte, orangefarbene LA-Hybride. Unter dem Namen Kiss Lilies werden asiatische Zwerglilien ohne Pollen angeboten, von denen die meisten sechs Blütenblätter aufweisen, während einige zusätzliche kleinere Blütenblätter ausbilden.

'Snow Star' ist ein gutes Beispiel für die aufrechte Blütenstellung der meisten Asiatischen Hybriden.

Mittlerweile gibt es auch eine Reihe stärker gefüllter Lilien, deren Blüten sich deutlich von denen traditioneller Arten unterscheiden. Die australische Sorte 'Miss Lucy' hat eine sternförmige weiße Blüte mit einem Hauch Grün und Pink und bis zu 18 Blütenblätter, wobei die zusätzlichen am unteren Ende dicht zusammenstehen und in der Mitte jeder Blüte eine vorstehende Nase bilden. Eine von Judith Freeman gezüchtete amerikanische Lilie aber übertrifft alle. Es handelt sich um eine Orientalische Lilie mit dem Namen 'Flying Circus', die bis zu 50 Blütenblätter aufweist! Aufgrund dieser hohen Zahl neigt sich die Blüte mit ihren sechs oder sieben Schichten spitzer Blütenblätter nach vorn. Den Puristen dürfte diese Lilie eher schockieren.

Die Form der Blüten wird becherförmig, schalenförmig, sternförmig oder turbanförmig genannt. Der letzte Ausdruck ist zwar überholt, doch noch heute werden die Blüten der Türkenbundlilie (»Türkenbund« steht veraltet für »Turban«) *L. martagon* und der Tigerlilie *L. lancifolium* mit ihren zurückgerollten Blütenblättern als »turbanförmig« beschrieben.

Lilien im Garten

Lilien sind ideale Pflanzen für den Garten des 21. Jahrhunderts, da sie schnell wachsen, sich in Gesellschaft von Sträuchern und anderen Pflanzen wohl fühlen und sehr diskret absterben. Eingetopfte Zwiebeln können unmittelbar vor der Blüte auf die Terrasse oder in jeden anderen Teil des Gartens gestellt oder – im Topf oder eingegraben – in eine Rabatte gesetzt werden. Da unsere Gärten immer kleiner werden, sind Kübel mit Lilien eine wahre Gottesgabe, weil die Pflanzen so leicht zu kultivieren sind und trotzdem eine enorme Wirkung entfalten.

Lilien gehören zweifellos zu den Stars unserer Beete und Rabatten, wenn wir sie bei einem Rundgang durch den Garten oder vom Haus aus betrachten. Bei der Planung sind lediglich ein wenig Voraussicht und ein gewisser Mut gefragt. Lilien sind nicht so unauffällig wie Veilchen, und schon ein paar Zwiebeln können nachhaltig den Gesamteindruck des Gartens verändern. Vor allem im ersten Jahr, möglicherweise aber auch längerfristig, wirken sich Boden, Lichtverhältnisse und Windschutz auf das Ergebnis unserer Bemühungen aus. Zu den Vorteilen der Gärtnerei gehört es, dass es keine absoluten Maßstäbe für die Anlage eines Gartens oder die verwendeten Arbeitstechniken gibt. Dennoch können ein paar Tipps den Hobbygärtner vor den größten Misserfolgen bewahren, und unsere »Stars« werden von einem sorgfältigen Umgang mit ihnen zweifellos profitieren.

Prinzipiell ist nichts dagegen einzuwenden, einzelne Lilienzwiebeln im Garten zu verteilen, da Lilien sich auch zwischen anderen Pflanzen sehr gut machen. Mit einigen wenigen, ins Auge fallenden Horsten erzielen Sie jedoch größere Wirkung als mit der verstreuten Pflanzung von Einzelexemplaren. Das heißt nicht unbedingt, dass wir auf eine große Bandbreite an Lilien verzichten müssen. Durch die gezielte Auswahl von Lilien, die zu unterschiedlichen Zeiten blühen, können wir relativ dicht pflanzen, ohne irritierende Gegensätze in Farbe oder Wuchs zu riskieren.

Niemand kann so recht erklären, woher es kommt, dass eine Gruppe von drei Lilien weit mehr als dreimal so beeindruckend ist wie ein einzelnes Exemplar. Noch besser macht sich eine Gruppe von fünf oder mehr Exemplaren. Andererseits erzielen Kombinationen aus Pflanzen unterschiedlicher Sorten und Arten fast immer eine geringere Wirkung als abgegrenzt stehende Gruppen unterschiedlicher Lilien, die aber in sich homogen sind. Jede Lilie hat ihren eigenen Charakter, ihre eigene Höhe und Blütezeit. Pflanzen aus Tüten mit gemischten Zwiebeln könnten deshalb ganz unterschiedlich groß sein und zu verschiedenen Zeiten blühen, was der Gesamtwirkung eher abträglich wäre.

In dieser geschickt zusammengestellten Hochsommermischung stehen eindeutig die pinkfarbenen, nach außen zeigenden Lilien im Mittelpunkt, ohne dass die Wirkung ihrer blühenden Gefährten – des in dunklem Magenta gehaltenen *Geranium* 'Ann Folkard' und der blauvioletten einjährigen Großen Wachsblume (*Cerinthe major*) – darunter zu leiden hätte.

Die Stars in der Rabatte

Aufgrund ihrer Vielfalt an Farben und Formen gibt es für alle Situationen die passenden Lilien, zumal die meisten von ihnen recht preiswert sind. Ganz allgemein lässt sich sagen, dass Gelb-, Orange- und Rottöne im Garten stärker ins Auge springen als Nuancen von Weiß, Creme und Pink. Im Übrigen scheint die Natur es so eingerichtet zu haben, dass die meisten Farben sich miteinander vertragen und bestimmte Farbkombinationen einander auf geradezu ideale Weise ergänzen. So bringen beispielsweise die kräftigen Kastanienbraun-, Purpur- und Magentatöne von Storchschnabelarten benachbarte Lilien in Weiß-, Creme- oder Gelbschattierungen besonders gut zur Geltung, und der dramatische Effekt orangefarbener oder roter Lilien wird noch stärker betont durch die weichen Grüntöne von Farnen, Gräsern und anderen Pflanzen. Dennoch wäre es wenig sinnvoll, ideale Kombinationen von Liliensorten und -arten mit anderen blühenden Pflanzen aufzulisten, da dies immer auch ein wenig Glückssache ist. Ein und dieselbe Lilie kann jedes Jahr zu einem etwas anderen Zeitpunkt blühen, sodass ihre Blüte nicht immer mit der der Nachbarpflanze zusammenfällt.

BLÜTEN OHNE ENDE

Dennoch lohnt es, sich ein paar Gedanken über die Blütezeit der einzelnen Lilien zu machen. Es gibt früh blühende Arten und einige asiatische Sorten, die bereits gegen Ende des Frühjahrs ihre volle Pracht entfalten. Die Asiatischen Lilien folgen im Frühsommer. Im Hochsommer schließen sich die Trompetenlilien an, bevor uns die meisten der Orientalischen Lilien mit ihren Blüten erfreuen. Andere Orientalische Lilien blühen bis in den Herbst hinein.

In Töpfen vorgezogene Zwiebeln blühen mit ein wenig Manipulation früher, während die Blüte anderer Lilien, wenn auch mit etwas größerem Aufwand, verzögert werden kann. Als Faustregel kann gelten, dass eingetopfte Zwiebeln rund 100 Tage oder

14 Wochen nach dem Pflanzen aufblühen. Dies gilt für die Kultur an einem geschützten, frostfreien Ort, aber ohne allzu große Hitze. Die einfachste Methode, die Blüte zu verzögern, ist späteres Pflanzen. Zwiebeln können am Austreiben gehindert werden, indem man sie kühl – etwa im Kühlschrank (aber auf keinen Fall im Gefrierschrank!) – lagert. Lagern Sie aber nur Zwiebeln ein, die frei von Krankheiten, schön prall und ausreichend groß sind. Meiden Sie Zwiebeln, die schon anfangen auszutreiben. Am besten taucht man sie vor dem Einlagern in ein Fungizid und lässt sie vor ihrer »Überwinterung« möglichst gut abtrocknen. Bei gelegentlicher Kontrolle sollte es möglich sein, die Zwiebeln mehrere Wochen oder gar Monate lang zu lagern.

Ohne solche Manipulationen blühen im Garten als erste Lilien *L. pyrenaicum* und die Feuerlilie (*L. bulbiferum*), gefolgt von Sorten wie 'Red Carpet', 'Fire King' und 'Harmony'. Bald darauf schließen sich viele Asiatische Lilien an, und dann die über lange Zeit blühenden Trompetenlilien wie die Königslilie (*L. regale*) sowie Lilien der Golden-Splendor-Gruppe und der Pink-Perfection-Gruppe. Die wenigsten Gärten von Lilienliebhabern kommen ohne die stark duftende Königslilie (*L. regale*) aus, die vielleicht beliebteste Gartenlilie in gemäßigten Klimazonen. Die Blüte Asiatischer Lilien überschneidet sich mit der der Trompetenlilien, und einige der üblichen Arten lassen sich durch ungewöhnlichere, wie die halb gefüllte Sorte 'Fata Morgana', ergänzen, die oft über längere Zeit in Blüte steht. Zu den später blühenden Asiatischen Lilien gehören die Sorte 'Grand Cru' sowie die am spätesten blühenden überhaupt, die Yellow-Blaze-Gruppe. Die Orientalischen Lilien blühen insgesamt über einen längeren Zeitraum; einige, wie die 'Mona Lisa', öffnen sich relativ früh, die der Prachtlilie (*L. speciosum*) näher stehenden – etwa die Sorte 'Journey's End' – dagegen eher später.

Orangefarbene Asiatische Lilien (oben) setzen sich schön vom Blattwerk der Schwertlilie und Montbretie ab und passen gut zu den warmen Tönen der Dahlien und Chrysanthemen.

Es gibt viele Asiatische Lilien (gegenüber), die leicht zu kultivieren sind und gut zu anderen Pflanzen wie den Steppenkerzen (*Eremurus*) passen, die im selben Gelbton erstrahlen.

BODENTYPEN UND STANDORTE

Der Boden spielt bei Lilien eine entscheidende Rolle. Wichtigste Voraussetzung ist eine lockere, poröse Bodenstruktur. Die meisten Lilienarten bevorzugen humusreichen Boden wie Lauberde und gut verrotteten Kompost, während sie auf frischen Dung eher empfindlich reagieren. Humusreiche Böden sind in der Regel entweder

pH-neutral oder leicht sauer, und genau das lieben die meisten Lilien. Die meisten Asiatischen und Trompetenlilien vertragen – vor allem in humushaltigen Böden – auch einen gewissen Kalkgehalt. Absolut allergisch auf Kalk reagieren lediglich die Orientalischen Lilien, die aus den Kalk hassenden Prachtlilien (*L. speciosum*) und Goldbandlilien (*L. auratum*) hervorgegangen sind; für sie sind schon geringe Mengen Kalk fatal. Die japanische *L. speciosum* gedeiht sehr schön in pH-neutralen oder leicht sauren Böden, aber ganz und gar nicht in solchen, die freien Kalk enthalten. Bei der Vorbereitung des Bodens für Lilien stehen Umgraben und das Einbringen großer Mengen an gut verrottetem organischem Material an erster Stelle. Auch bei schweren Lehm- oder anderen Böden, die nicht gerade viel versprechend erscheinen, sollten Sie sich nicht abhalten lassen, Lilien zu pflanzen (mehr Informationen über Bodentypen finden Sie auf den Seiten 130 bis 132).

Gewöhnlich pflanzt man höher wachsende Lilien eher im hinteren Bereich des Beets oder in der Mitte inselartiger Beete, die niedrigeren dagegen eher im Vordergrund. Dies ist aber keine absolute Regel. Falls Sie einen bestimmten Standort bevorzugen, um eine Gruppe etwa von Königslilien (*L. regale*) oder einer anderen Trompetenlilie in ihrer ganzen Größe optimal zur Geltung zu bringen und einen Akzent zu setzen, dann tun Sie sich keinen Zwang an.

Lilien der Pink-Perfection-Gruppe (oben), beeindruckend in Größe, Farbe und Form, bilden im Garten einen intensiv duftenden Blickfang.

Während man heute Lilien eher in der gesamten Gartenplanung einsetzt, haben Lilienfreunde früher ihren Lieblingen ein spezielles Beet reserviert. Manche tun dies heute noch. Eine solche Pflanzung hat den Vorteil, dass Sie das Beet optimal auf die Bedürfnisse der Pflanzen abstimmen können. Zum einen sind solche Beete oft erhöht angelegt, was die Drainage erheblich vereinfacht. Der Boden kann mit gut verrottetem Kompost angereichert werden, und durch groben Sand lässt sich im Beet fast die Erdmischung schaffen, die man in einem Topf oder Kübel verwenden würde. Zudem ist es in einem solchen Beet einfacher, die Gesundheit der Pflanzen zu überwachen und Krankheiten zu bekämpfen.

Die duftende Königslilie (*L. regale*, gegenüber) bildet hier zusammen mit den Stauden Wollziest (*Stachys byzantina*) und Rittersporn (*Delphinium*) ein ausgesprochen romantisches Ensemble.

KOMBINATION MIT ANDEREN PFLANZEN

Lilien lassen sich gut mit anderen Pflanzen kombinieren. Sie genießen Gesellschaft, und ihr geselliges Naturell kommt sowohl auf der Terrasse in der eher theatralischen Umgebung von Kübelpflanzen als auch in Beeten oder in einem stärker ver-

Im Schutz der Hortensie *Hydrangea arborescens* 'Annabelle' öffnet die weiße Königslilie (*L. regale*) ihre trichterförmigen Blüten neben der Elfenbeindistel (*Eryngium giganteum*), Mutterkraut (*Tanacetum parthenium*) und den wohlgeformten Blütenständen des verblühenden Zierlauchs (*Allium*).

wilderten Umfeld zur Geltung. Das heißt aber nicht, dass Lilien gewissermaßen Urwaldpflanzen wären; sie freuen sich lediglich über etwas Schatten, den andere Pflanzen ihrem Wurzelbereich spenden, während sie einen Großteil ihres Laubs sowie ihre Blütenstände gern in die Sonne recken. Dabei sind sie keineswegs Snobs: Sie fühlen sich absolut wohl unter Jungfer im Grünen (*Nigella*), Kornblume (*Centaurea cyanus*), Rittersporn (*Consolida ambigua*) oder Schleifenblume (*Iberis umbellata*). Wenn Sie die Zwiebeln im Herbst oder im frühen Frühjahr setzen, können Sie im Umfeld Samen von Einjährigen ausstreuen, um den Lilien die Gesellschaft anderer Blüten zu bieten. Die schlichten Sommerblumen werden sich gern mit der Rolle des Chors hinter dem großen Star begnügen. Zudem bringt dieses Vorgehen einen weiteren Vorteil mit sich. Auf der ansonsten kahlen Fläche, in der Zwiebeln gesteckt wurden, erinnern uns diese Einjährigen daran, dass hier Lilien auf den Austrieb warten. So kommt es nicht so leicht dazu, dass wir – mit verheerenden Folgen – versehentlich andere Pflanzen einsetzen.

STAUDEN

Als dauerhaftere Nachbarn der Lilien eignen sich zum Beispiel einige der winterharten Storchschnabelarten und ihre Hybriden. Die Blütenfarben ergänzen einander oft, wichtiger aber ist der Kontrast des Blattwerks. In dieser Hinsicht bieten Funkien eine passende Bodenbedeckung aus ganz anders geformten Blättern und beschatten zudem den Fuß der Lilien. Funkien müssen in ausreichendem Abstand zu den Zwiebeln gepflanzt werden, weil nur wenige Pflanzen in direkter Konkurrenz zum ausgedehnten Wurzelsystem der Lilien gedeihen. Auch Schafgarben (*Achillea*) und einige der gezüchteten Disteln, wie die zweijährige Elfenbeindistel (*Eryngium giganteum*), passen sehr gut zu Lilien.

GRÄSER UND FARNE

Gräser sind nach wie vor sehr beliebt. Viele der mittelgroßen und kleineren Arten bilden interessante Gemeinschaften mit Lilien. Zudem eignen Gräser sich immer als Begleitpflanzen, da sie dem Star im Beet seine Spitzenstellung nicht streitig machen. Passende Gräser können ziemlich groß sein, wie etwa das bis zu 2,5 m hohe Federgras (*Stipa gigantea*) mit seinen eleganten Blütenständen aus glitzernden silbrigen Ährchen. Unter den kleineren Gräsern sind beispielsweise Seggen zu empfehlen, wie *Carex hachijoensis* 'Evergold' mit ihren Büscheln gelb gestreifter, gebogener Blätter – eine Pflanze, die nur rund 20 cm hoch wird. Von eher mittlerer Höhe sind einige der

Leuchtend orangerote Asiatische Lilien wie die Sorte 'Gran Paradiso' und ihr Sämling 'Castello' setzen in jeder Umgebung einen unübersehbaren farblichen Akzent.

anmutigen Sorten des Chinaschilfs (*Miscanthus sinensis*) mit seinen sehr schlanken Blättern. Die Segge *Carex pendula* passt ebenfalls sehr gut zu Lilien und blüht sogar gleichzeitig; ihre langen Ähren hängen wie Kätzchen an rutenartigen, gebogenen Halmen.

Auch winterharte Farne haben sich als Partner von Lilien bewährt. Dies gilt sowohl für Laub abwerfende als auch für immergrüne Arten, von denen viele auch an sonnigen Standorten gedeihen. Einige Formen des Goldschuppenfarns (*Dryopteris affinis*) und des Wurmfarns (*Dryopteris filix-mas*) sind auch an ungeschützten Standorten sehr winterhart und bilden dekorative, 60 cm hohe Pflanzen. Ebenso winterhart und auch sehr schön ist der Frauenfarn (*Athyrium filix-femina*), von dem es auch kleinere Formen gibt.

STRÄUCHER

Sträucher sind natürliche Verbündete der Lilien. In freier Natur stehen sie oft dicht beieinander, und viele Lilien lassen sich von Sträuchern stützen und vor Wind ebenso wie vor Nachstellungen durch Tiere schützen. Auch im Garten können Sträucher in Verbindung mit Lilien nützlich sein, weil sie etwas Frostschutz bieten und beide einander optisch gut ergänzen. Der einzige mögliche Haken ist, dass einige Sträucher verblüffend schnell wachsen – manchmal schnell genug, um Lilien zu ersticken. Das lässt sich vermeiden, indem man die bedrohten Zwiebeln am Saisonende versetzt.

Das Wurzelsystem von Sträuchern trägt zur Verbesserung der Bodenstruktur und der Drainage bei. Wasser kann so besser versickern, und indem die Sträucher einen guten Teil der Feuchtigkeit aufnehmen, regulieren sie den Feuchtigkeitsgehalt des Bodens. Dies hilft den Lilien, die es normalerweise gern feucht haben, aber in der Ruheperiode im Winter allzu viel Wasser gar nicht schätzen.

Rhododendren und Lilien sind seit jeher gute Partner, da die Sträucher wie die Lilien kalkfreien Boden brauchen. Auch Kamelien passen, wenn sie genügend Abstand haben und nicht das Wurzelsystem der Lilien behindern. Das dunkle, immergrüne Laub beider Sträucher verleiht der Pflanzung eine fast schon feierliche Ausstrahlung. Die mittelhohen Greiskraut-Arten (*Senecio*) und einige Formen des Schneeballs (*Viburnum*) machen sich ebenfalls gut in Verbindung mit Lilien.

Ein paar Pflanzen sollte man jedoch meiden: Die Blüten der Taglilien (*Hemerocallis*) ähneln denen der Lilien zu sehr, ebenso die Blütenfarben, sodass der Anblick beider Pflanzen visuell verwirrend ist. Auch schnell wuchernde Nachbarn wie Astern, die die Lilien optisch geradezu erschlagen, sind als Begleitpflanzen nicht geeignet.

'Royal Gold' ist eine starkwüchsige, mitten im Sommer blühende Lilie. Sie gedeiht gut zwischen anderen Pflanzen, hält sich sehr lange und blüht reichlich. Ihr Duft zieht durch den ganzen Garten.

Lilien für Töpfe und Kübel

Wir möchten zwar, dass unsere Lilien sich wohl fühlen, haben sie aber auch gern im Blickfeld. Mithilfe von Töpfen oder anderen Gefäßen lassen sich viele Lilien nahe ans Haus bringen – zumindest so nahe, dass sie von dort aus sichtbar sind. Und wenn eine Gruppe von Lilien verblüht ist, kann sie leicht durch eine andere ersetzt werden. Solche Töpfe lassen sich mit anderen Kübelpflanzen zu schönen Gruppen kombinieren und machen die Terrasse zu einem attraktiven Raum im Freien.

Lilien wachsen gut in Töpfen und sind relativ pflegeleicht, weil sie Trockenheit weit besser vertragen als die meisten anderen Pflanzen. Doch obwohl sie mit wenig Feuchtigkeit auskommen, geht es natürlich nicht ganz ohne Wasser. Während das Gießen neu austreibender Schößlinge noch problemlos ist, brauchen die schnell wachsenden Pflanzen immer mehr. Bald füllen Stängel und Blätter den Topf aus, und die Pflanze wird immer durstiger, je mehr Feuchtigkeit bei wärmerem Wetter durch das Laub verdunstet. Wenn es fast unmöglich geworden ist, die Lilien von oben zu gießen oder abzuschätzen, wie viel Feuchtigkeit der Topf noch enthält, sollte man in erreichbarer Nähe eine Möglichkeit schaffen, die Töpfe in Wasser zu stellen, bis die Erde sich voll gesogen hat.

Eine ganze Reihe in Töpfen wachsender Königslilien verleiht diesem Garten einen formalen Charakter, während ihr Duft all jene betört, die die Treppe hinauf- oder hinabsteigen.

Kübelpflanzen haben viele Vorteile. So ist beispielsweise das Substrat, in dem die Zwiebeln sich entwickeln, vollständig unter der Kontrolle des Gärtners (siehe die Seiten 134 bis 137). Außerdem lassen sich die Pflanzen leichter nach Krankheiten absuchen und vor Schädlingsbefall schützen; Schnecken etwa schrecken vor Töpfen meist zurück. Und am Ende der Wachstumsperiode kann man die Zwiebeln leicht herausnehmen, die Erde abschütteln und die Zwiebeln untersuchen, teilen und neu einpflanzen, entweder erneut in Töpfe oder ins Freie. Neu eingetopfte Zwiebeln lassen sich problemlos überwintern.

Jedes Jahr scheint das Angebot an Lilien, die für die Topfkultur geeignet sind, größer zu werden. Die Mehrheit der Hybriden, selbst die größeren, gedeihen gut in Pflanzgefäßen, und auch viele Arten machen sich als Kübelpflanzen ganz hervorragend. Zu den am besten geeigneten zählen *L. amabile*, die Feuerlilie (*L. bulbiferum*), *L. cernuum*, *L. longiflorum*, *L. pumilum* und die Königslilie (*L. regale*). Auch die Prachtlilie (*L. speciosum*) und die Goldbandlilie (*L. auratum*) profitieren von kalkfreier Kost. Manche Arten tun sich allerdings schwerer unter den beengten Platzverhältnissen im Topf. Zu diesen zählen die rhizomartigen amerikanischen Arten sowie diejenigen mit verzögerter Keimung wie die Türkenbundlilie (*L. martagon*), *L. hansonii* und die Pantherlilie (*L. pardalinum*). In größeren Kübeln lassen sich jedoch selbst diese zur Blüte bringen.

Die Bedeutung der Lilie als Topfpflanze spiegelt sich deutlich in der Arbeit der Züchter wider, die seit den 80er-Jahren des 20. Jahrhunderts

In einer zwanglosen Zusammenstellung von Pflanzgefäßen bringen Geranien und blaue Lobelien mit der Lilie *L.* 'Arena' Leben auf die Terrasse.

immer neue kleinwüchsige, aber ausgesprochen robuste Sorten und Strains hervorgebracht haben. (Sorten werden vegetativ vermehrt, Strains mit Samen.) Schnell hatte man die Nutzbarkeit solcher kleiner Asiatischer und Orientalischer Lilien als Kübelpflanzen erkannt, und so gehören viele der heute angebotenen Zwiebeln zu diesen niedrigen Arten, die nicht nur in Töpfen, sondern auch vorne im Beet sehr schön zur Geltung kommen. In der Regel sind diese Pflanzen nur 25 bis 50 cm hoch, manchmal sogar noch kleiner. Die Sorte 'Denia', eine früh blühende Lilie in rötlichem Pink, erreicht gerade mal 20 cm Höhe. Wie die anderen kleinwüchsigen Sorten hat sie relativ große Blüten, mit denen sie schöne Farbakzente setzt, ohne jedoch ganz an den Charme zahlreicher anderer Lilien heranzureichen. Mittlerweile werden die Zwerglilien in einer großen Bandbreite an Farben angeboten. Die Blüten sind häufig sternförmig mit spitz zulaufenden Blütenblättern oder auch schalenförmig.

Der weit verbreitete Pixie-Strain der Asiatischen Hybriden zeichnet sich durch leicht zu kultivierende Pflanzen aus, die nie eine Stütze brauchen und selbst in exponierten Lagen gedeihen. Sie blühen meist recht früh und lassen sich noch etliche Wochen früher zur Blüte bringen, wenn sie entsprechend zeitig gepflanzt und unter Glas vorgezogen werden. Ihr Farbspektrum umfasst die meisten bei Lilien vorkommenden Farbtöne von Weiß und Gelb über Orange bis hin zu Rot und Karmesinrot, und sie sind zwischen 30 und 45 cm hoch. Es gibt jedoch noch weitere kleinwüchsige Lilien, die entweder als Strains oder als Einzelsorten vermarktet werden. Zu den niedrigen Orientalischen Lilien gehört beispielsweise 'Garder Party', die weiße Blüten mit winzigen pinkfarbenen Flecken hat, wobei jedes Blütenblatt in der Mitte einen goldgelben, in Rosarot auslaufenden Streifen aufweist, der die Sternform zusätzlich betont; diese Sorte erreicht eine Höhe von etwa 60 cm. Andere, wie 'Mr Ed', 'Mr Ruud' und 'Mr Sam' werden nur rund 30 bis 40 cm hoch. Besonders beliebt ist 'Mona Lisa' mit etwa 50 cm Höhe und den typischen Blüten der Orientalischen Lilien mit breiten, weiß geränderten Blütenblättern in warmen Pinktönen. All diese Lilien zeichnen sich darüber hinaus durch einen angenehmen Duft aus.

Die leuchtende Zwerglilie 'Orange Pixie' steht hier in einer Gruppe mit verschieden hohen Töpfen mit Grünpflanzen wie Funkien, Gräsern und Frauenmantel (*Alchemilla mollis*).

Aber nicht nur die kleinwüchsigen Lilien lassen sich in Töpfen ziehen. Der Abwechslung halber empfiehlt es sich ohnehin, Pflanzen unterschiedlicher Wuchsformen miteinander zu kombinieren. In jedem Fall sollte man den Trompetenlilien wie der Königslilie (*L. regale*) oder den Hybriden der Pink-Perfection-Gruppe, der African-Queen-Gruppe und der 'Royal Gold' eine Chance geben. Später, wenn die Sommerblumen verblühen und die vorwinterlichen Aufräumarbeiten anstehen, setzen einige spät blühende Arten wie die Prachtlilie (*L. speciosum*) und Hybriden wie 'Journey's End' einen schönen Schlusspunkt. Atmen Sie den betörenden Duft dieser Lilien ein und vergessen Sie für einen Moment die bevorstehende Arbeit.

Je größer das Pflanzgefäß, desto schöner entwickeln sich die Lilien (siehe Seiten 134 bis 135). Geeignet ist jede Art von Behälter, in den sich Erde füllen lässt, sofern für die nötige Drainage gesorgt ist. Großzügige Behälter benötigen Arten wie die Königslilie (*L. regale*), die schon für sich allein wirkt und wochenlang durch ihren Anblick und ihren Duft besticht, aber auch mit anderen Pflanzen kombiniert werden kann, die vor und nach der Blüte der Lilie dafür sorgen, dass das Gefäß einen schönen Anblick bietet. Später können die Zwiebeln in ein Beet gesetzt oder, wenn sie regelmäßig kontrolliert werden, vor dem Winter abgeschüttelt und neu eingetopft werden. Kleinere Ableger kann man für ein Jahr in gesonderte kleine Töpfe stecken.

Sind die Zwiebeln eingetopft, steht der Gärtner vor einem Gefäß, in dem das Auge nur auf nackte Erde trifft, die förmlich nach Bepflanzung schreit. Nun muss man entscheiden, ob man das Gefäß zusätzlich bepflanzt oder ausschließlich für Lilien reserviert. Größere Töpfe, Wannen oder andere Behälter wirken oft besser mit weiteren Pflanzen, selbst wenn diese an sich von eher bescheidener Statur sind. Kriechende Lobelien oder andere kleine Einjährige bedecken die Erde und nehmen dem Topf vor und nach der Lilienblüte ein gutes Stück seiner anfänglichen Trostlosigkeit. Zudem beschatten sie das Substrat, bedecken die Zwiebeln und sorgen für eine gleichmäßigere Temperatur. Auch Margeriten, Gräser, Efeu und sämtliche blü-

hende Ampelpflanzen erfüllen diesen Zweck. Das Laub von Duftpelargonien sieht an sich schon gut aus und bildet einen schönen Kontrast zu den Lilien.

Lilien im Topf haben an den verschiedensten Stellen Platz, vor allem dort, wo krautige Pflanzen ihre beste Zeit hinter sich haben. Sie machen sich nicht nur im Treibhaus, im Wintergarten oder auf der Terrasse gut, sondern können auch zwischen Sträuchern oder anderswo in Beeten ein belebendes Element darstellen. Der Topf kann entweder einfach auf den Boden gestellt oder, wenn das Ganze natürlicher aussehen soll, in die Erde versenkt werden. Mohnblumen beispielsweise bieten während der Blüte einen prächtigen Anblick, hinterlassen aber, wenn sie danach abgeschnitten werden, eine hässliche Lücke, die auszufüllen ein Topf mit Lilien bestens geeignet ist. Stellen im Garten, die bis spät in den Sommer hinein ausschließlich aus Blattwerk bestehen, können Lilien Farbtupfer verleihen. Japanische Anemonen (*Anemone hupehensis* var. *japonica*) blühen so spät, dass man gut einen Topf mit Lilien dazwischenstellen kann, um die Pflanzung freundlicher zu gestalten. Von einem Tag auf den anderen verändert sich das Bild, wenn plötzlich die Lilien erblühen. Sie wirken so natürlich, als wären sie schon seit dem Frühjahr hier.

Lilien dominieren in dieser größeren Zusammenstellung von Pflanzgefäßen neben dem Haus. Die hohen, farbenprächtigen Exemplare der Pink-Perfection-Gruppe sowie die gelben Lilien der Golden-Splendor-Gruppe stechen hier besonders hervor.

»WARTEZIMMER«

In kleineren Gärten ist der Platz so beschränkt, dass der Gärtner ihn so gut es geht zu nutzen versucht. Die Terrasse und der Bereich am Haus sind in erster Linie den Bewohnern vorbehalten. Auf dem Höhepunkt ihrer Entfaltung verströmen unsere Lilien mit ihren herrlichen Farben und Formen hier einen betörenden Duft. Doch um eine Reihe von Töpfen parat zu haben, die dann an gut sichtbaren Stellen ihre Pracht entfalten, brauchen wir einen Platz, wo die Töpfe in Wartestellung stehen.

Dieser Platz muss nicht sonderlich groß sein; es genügen schon ein oder zwei Quadratmeter neben dem Treibhaus oder vielleicht eine freie Stelle hinter Sträuchern. Auch ein Durchgang hinter einem Geräteschuppen kann als »Wartezimmer« dienen. In den meisten Gärten dürften sich ein oder mehrere kleine Flecken finden, an denen ein paar Pflanzgefäße nicht weiter stören.

Lilien als Wildpflanzen

Die Türkenbundlilie (*L. martagon*) steht hier zwischen Gräsern in einem vollkommen natürlich wirkenden Umfeld. Seit vielen Jahrzehnten schon wächst und gedeiht sie in diesem großen Garten auf dem Land, wo es mittlerweile Tausende ihrer Art gibt.

Viele Lilien kann man nach dem Pflanzen jahrzehntelang mehr oder weniger sich selbst überlassen. Wenn sie an den richtigen Stellen stehen, belohnen sie den Gärtner Jahr um Jahr mit der Pracht ihrer Blüten. Im Idealfall vermittelt eine Lilie den Eindruck, als habe sie sich selbst ausgesamt, um sich an genau dieser Stelle im Garten für immer niederzulassen. Verwendet man eine einzige Sorte, kann man eine erste Gruppe von drei bis zwölf Zwiebeln setzen und einige Meter entfernt eine weitere, kleinere Gruppe. Es empfiehlt sich eine eher runde oder elliptische Anordnung, keinesfalls aber Linien. Diese Gruppen lassen sich so pflanzen, als nutzten sie Lücken zwischen Sträuchern oder Bäumen, wie es in freier Natur der Fall wäre.

Einige Hybriden, etwa die der Türkenbundlilien, bilden Unmengen von Samen, den man einsammeln und in den Garten oder in Pflanzgefäße einsäen kann. Kleine Zwiebeln lassen sich nach einigen Jahren auspflanzen, auch wenn sie noch ein paar Jahre brauchen, um Blüten zu entwickeln. Die Arten *L. monadelphum*, die Türkenbundlilie (*L. martagon*) und *L. pyrenaicum* samen sich besonders gut selbst aus. Der Mandarin-Türkenbund (*L. henryi*) und die Madonnenlilie (*L. candidum*) setzen zwar auch Samen an, doch die Wahrscheinlichkeit ist geringer.

Was der einen Lilie gefällt, muss der nächsten noch lange nicht behagen, und so lohnt es sich, jede Lilienart auf ihre Eignung zum »Auswildern« zu überprüfen. Die Madonnenlilie *L. candidum* braucht einen freien, sonnigen Platz, wo die Sonne den Boden erreicht. Sie weist gleich mehrere lilienuntypische Merkmale auf: Sie scheint Wärme um ihre Zwiebel geradezu zu genießen und sollte als einzige Lilie nur ganz knapp unterhalb der Erdoberfläche eingesetzt werden. Können Sie den Pflanzzeitpunkt selbst bestimmen, sollten Sie warten, bis der Blütenstiel welkt. Doch greifen Sie zu, wenn Sie frisch ausgegrabene Zwiebeln bekommen können, denn diese sind meist besser als solche, die in einem Gartencenter Wochen in einer Plastiktüte zugebracht haben. Doch auch diese gewöhnen sich irgendwann ein. Sind sie erst einmal eingepflanzt, entwickeln sie sich meist am besten, wenn man sie in Ruhe lässt.

Die Türkenbundlilie kann zwar in einem Garten viele Jahre lang prächtig gedeihen, gehört aber nicht zu den unproblematischsten Arten. Frisch ausgegrabene Zwiebeln wachsen zwar in sehr unterschiedlichen und sogar in leicht kalkhaltigen Böden, werden sie jedoch nach dem Herausnehmen eine Zeit lang zwischengelagert, kann es geschehen, dass sie zwar Wurzeln ansetzen, aber im ersten Jahr noch keinen Stängel austreiben. Im Jahr darauf aber blühen sie ganz normal. Die Zwiebeln teilen sich relativ langsam; Schuppen, die abbrechen, bilden zwar rasch kleine Zwiebeln aus, benötigen aber mehrere Jahre, bis sie blühen.

Die Lilien der Martagon-Sektion gedeihen gut zwischen Sträuchern, in nicht zu dichtem Gras oder in offenem Waldland. Ich habe sie schon in leicht kalkhaltigen, sandigen und stark verdichteten lehmigen Boden gesetzt – jedes Mal mit Erfolg. Diese Lilie verträgt sogar ein gewisses Maß an Schatten, solange sie keine dichte Belau-

Der Name von *L. pyrenaicum* deutet auf die Heimat dieser Pflanze hin. Mittlerweile wächst sie jedoch in verschiedenen Teilen der Welt in Gärten gemäßigter Klimazonen. Dort soll sie schon oft die Grenzen ihres Gartens übersprungen haben und verwildert sein. Diese Lilie bildet langlebige Horste und ist vollkommen unempfindlich gegen Kalk.

bung über sich hat. Wo immer die Türkenbundlilie gedeiht, erweist sich auch der Goldtürkenbund (*L. hansonii*) als mindestens so wuchsfreudig und langlebig.

Ebenfalls sehr langlebig ist die Pantherlilie (*L. pardalinum*), die sich zwischen Sträuchern und sehr lockeren Baumbeständen genauso gut macht wie in einem Beet. Die höhere *L. pardalinum* var. *giganteum* kann eindrucksvolle Horste bilden mit Stängeln, die so stark sind wie kräftige Bambusrohre. Unter günstigen Verhältnissen können auch andere amerikanische Arten recht gut gedeihen: *L. canadense* etwa ist eine wahre Pracht, wenn sie sich erst einmal eingewöhnt hat, zeigt sich aber oft – ebenso wie einige andere Arten – recht wählerisch.

Von den asiatischen Arten eignen sich mehrere zum Auswildern. *L. davidii* fühlt sich zwischen Sträuchern und lockerem Baumbestand ebenso wohl wie die Tigerlilie (*L. lancifolium*). An Langlebigkeit kann es aber keine mit dem Mandarin-Türkenbund (*L. henryi*) aufnehmen. Bei mir wächst er zwischen Schneeball (*Viburnum*) und bringt dort Blütenstände mit sechs bis zwölf orangefarbenen Blüten hervor. Er verträgt Kalk nicht nur, sondern scheint eine gewisse Menge sogar zu genießen.

Hybridlilien, die sich gut im Garten einbürgern lassen, sind oft diejenigen, die der ursprünglichen Art am nächsten stehen. 'Bright Star' hat viel vom Mandarin-Türkenbund (*L. henryi*). Seine charakteristischen Blüten haben aber, im Gegensatz zu den kugelförmigen der Spezies, die Form breiter Sterne, deren Weiß durch ein orange-gelbes Zentrum belebt wird. Die Sorte wurde erstmals im Jahr 1957 verkauft und ist noch immer recht beliebt. Weitere Lilien, die man im Garten gut allein lassen kann, sind die Hybriden der Pantherlilie (*L. pardalinum*). Ihre Farbe variiert zwischen Goldgelb und Orangerot, und alle sind stark gefleckt oder getüpfelt. Während viele Zwiebeln unter dem Sammelbegriff der Bellingham-Gruppe vermarktet wurden, bekamen ein paar Klone auch individuelle Namen – etwa 'Shuksan', eine mandarinenfarbige Lilie mit schwarzen Tupfen und roten, zurückgebogenen Blütenblattspitzen. Lilien der Bullwood-Gruppe sind in Großbritannien gezüchtete Beispiele dieser Hybriden amerikanischer Arten. Bemerkenswert ist 'Cherrywood'. Ihre Blütenblätter sind zwar leicht zurückgebogen, aber nicht so stark wie bei der Art.

Die Martagon-Hybriden sind eine Reihe von Kulturvarietäten und Sämlingen, die überwiegend aus der Kreuzung von weißen und malvenfarbenen Formen der Türkenbundlilie (*L. martagon*) mit der orangegelben *L. hansonii* mit ihren wachsartig verdickten Blütenblättern hervorgegangen sind. Die Erste, die einen eigenen Namen erhielt, war 'Marhan' (eine schlichte Kombination aus den beiden Elternnamen). Sie taucht erstmals in den Aufzeichnungen der niederländischen Firma Van Tubergen im Jahr 1891 auf. Auch über 100 Jahre später zeigt sie keinerlei Ermüdungserscheinungen. Sogar die erstmals im Jahr 1958 angebotene Citronella-Gruppe ist noch erhältlich. Sie zeichnet sich durch hängende gelbe Blüten und eine illustre Verwandtschaft aus, zu der die asiatischen Arten *L. davidii*, *L. amabile* und *L. dauricum* gehören.

2

So aufregend es sein mag, aus all den Lilien dieser Welt für unseren Garten die richtigen auszuwählen, so schwer fällt diese Wahl auch. Jahr für Jahr tauchen im Handel neue Lilien auf, und die Vielfalt an Größen, Farben und Formen wird immer unüberschaubarer.

Die Qual der Wahl

Wir wollen uns zunächst mit den verschiedenen Arten befassen, wenngleich einige der selteneren und problematischeren nur sporadisch in den Listen der gehandelten Zwiebeln und Samen auftauchen. Dieser Blick auf die Lilienarten ist zugleich der Maßstab, den wir an die Hybriden legen, da die Arbeit der Züchter uns mittlerweile mit einer wahren Sintflut von Lilien überschwemmt hat.

Es gibt immer Puristen, die in ihrem Garten ausschließlich Lilien der ursprünglichen Arten haben möchten, die sich ohne züchterisches Eingreifen über die Jahrhunderte entwickelt haben. Jede dieser Arten hat ganz spezifische Eigenheiten, um sich an eine bestimmte Umgebung anzupassen, und so bedingt ihre genetische Ausstattung, dass sie nur unter engen Voraussetzungen gedeiht. Manche Arten stellen zwar eine gärtnerische Herausforderung dar, können sich aber trotzdem in dem einen oder anderen Garten sehr gut eingewöhnen. Zum Glück sind die meisten Arten für die Gartenkultur geeignet, auch wenn man bei einigen auf bestimmte Bedürfnisse Rücksicht nehmen muss.

Die verschiedenen Arten

L. davidii (vorherige Seite), zarter gezeichnet als die Tigerlilie, ist eine aus Asien stammende Art. Sie wird etwa 1 bis 1,2 m hoch. Ihre gebogenen Stängel tragen in der Regel rund ein Dutzend hängende Blüten mit hervorstehenden purpurroten Tupfern.

L. duchartrei (gegenüber) weist eine starke Neigung zum Nomadendasein auf, denn ihre unterirdischen Triebe wandern wild hin und her, und an diesen Trieben bilden sich neue Zwiebeln aus. Die spitz zulaufenden Blütenblätter biegen sich so stark zurück, dass die Blüte insgesamt an einen Turban erinnert. Auf der überwiegend weißen Blüte bilden bräunlich violette Tupfer ein kompliziertes Muster.

Auch innerhalb einer Art kann es kleine, aber bedeutsame Abweichungen geben. Immer wieder kommen Klone vor, die von der Norm abweichen, vor allem in Farbe, Tüpfelung, Blütenform, Wuchs, maximaler Blütenzahl und – last, but not least – in ihrer Gartentauglichkeit. Ein frühes Beispiel dafür ist die Selektion von Klonen der Madonnenlilie (*L. candidum*) mit vollen Blüten und breiten Blütenblättern. Wild wachsende Lilien dieser Art sind weniger üppig ausgestattet; die Blüten sind kleiner und weniger zahlreich, ihre Blütenblätter deutlich schmaler. Manchmal sind uns vertraute Formen Klone, die von Garten zu Garten weitergegeben werden, ohne je in den Handel zu gelangen. Schon deshalb spricht einiges dafür, einer Organisation von Lilienfreunden beizutreten.

Eine Reihe von Wildlilien eignet sich sehr gut für die Gartenkultur. Ziel dieses Buches ist es, die verlässlichsten Arten vorzustellen, andere zu erwähnen, die einen Versuch wert sind, und wieder andere, die eine lohnende Herausforderung darstellen. Die zuverlässigsten, wichtigsten Arten herauszugreifen ist etwa so schwierig, wie die elf besten Fussballer aller Zeiten auszuwählen: Es kann zwar interessant sein, aber niemals unumstritten, da jeder seine eigenen Favoriten hat. Meine Liste lautet wie folgt: Feuerlilie (*L. bulbiferum*), Madonnenlilie (*L. candidum*), *L. monadelphum*, Goldtürkenbund (*L. hansonii*), Türkenbundlilie (*L. martagon*), Mandarin-Türkenbund (*L. henryi*), Tigerlilie (*L. lancifolium*), Pantherlilie (*L. pardalinum*), Königslilie (*L. regale*) und Prachtlilie (*L. speciosum*).

KLASSIFIZIERUNG

Es gibt 80 bis 100 offiziell anerkannte Lilienarten. Auch wenn die Natur keine Klassifizierungen kennt, haben die Botaniker Beziehungen zwischen den verschiedenen Arten hergestellt, denen zufolge sie die Lilien – zum Teil nach geographischen Gesichtspunkten – in eine Reihe von gewöhnlich sieben Sektionen einteilen. So haben wir eine Asiatische, eine Amerikanische und eine Orientalische Sektion. Andere Sektionen definieren sich durch formale Ähnlichkeiten, wie etwa die der Trompetenlilien, oder ihre Verwandtschaft mit einer dominanten Art, wie die Martagon-Sektion. Wir wollen uns hier an Combers Klassifikation von 1949 halten, die seit Jahrzehnten als die anerkannteste gilt (siehe Anhang, Seite 152).

Die Martagon-Sektion

Die Türkenbundlilie (*L. martagon*) ist von allen Lilienarten eine der robustesten und langlebigsten. Die Abbildung zeigt deutlich den schmalen zylindrischen Blütenstand und die typische turbanartige Form der Blüten.

L. martagon, L. distichum, L. hansonii, L. medeoloides, L. tsingtauense
Charakteristika: Keimung über der Erde verzögert, wirtelförmig angeordnete Blätter, taillierte Zwiebelschuppen (mit Ausnahme von *L. hansonii*), schwere Samen, glatte Blütenblätter, aufrechte Stängel, relativ kleine Blüten und Früchte, die ebenso breit wie lang sind

Lilien dieser Sektion finden sich in China und Korea, wobei die Türkenbundlilie (*L. martagon*) von Sibirien bis zum Balkan heimisch ist. Zudem taucht sie quer über Südeuropa auf, ohne dass man mit Sicherheit sagen könnte, dass sie dort schon immer wächst. In freier Natur ist sie die am weitesten verbreitete Lilienart. Pflanzen dieser Spezies finden sich in Höhen zwischen dem Meeresspiegel und 2000 m. Die Böden, in denen sie gedeiht, sind sauer bis basisch. Unter leidenschaftlichen Gärtnern zählt die Türkenbundlilie zu den absoluten Lieblingen. Hat sie sich erst einmal eingewöhnt, gilt sie als eine der zuverlässigsten und anspruchslosesten Lilienarten überhaupt. In vielen Gärten gibt es über 50 Jahre alte Türkenbundlilien-Populationen, in einigen Gärten sogar doppelt so alte.

In Großbritannien, weitab von ihrem natürlichen Verbreitungsgebiet, ist an einigen Stellen der Samen von Türkenbundlilien in die freie Natur gelangt, wo sich anschließend wild wachsende Kolonien bildeten. Im Garten aber können Zwiebeln, die schon vor einer Weile aus dem Boden geholt worden sind, eine Pause einlegen, sodass oft ein ganzes Jahr lang keinerlei Wachstum über der Erde zu beobachten ist. Aber die Zwiebel ist nicht verschwunden, sie bildet erst einmal Wurzeln aus und bereitet sich auf das nächste Jahr vor, um dann ebenso zu wachsen wie alle anderen.

Die Stängel variieren in der Höhe je nach Klon, Alter der Zwiebel, den Bedingungen im Garten und jahreszeitlichen Faktoren. Normalerweise ist eine Höhe von 1 bis 2 m zu erwarten, aber einzelne Pflanzen können diese Vorgabe noch übertreffen. Die meisten kräftigeren Stängel weisen drei Blattwirtel auf, wobei jede dieser Wirtel aus 15 oder mehr Blättern besteht. Die Zahl der Blüten liegt zwischen einem halben Dutzend und der mehrfachen Menge. Unter meinen eigenen Pflanzen sind etliche mit über 35 Blüten pro Stängel, und obwohl der Durchschnitt eher bei 25 liegt, brachte es ein Stängel sogar auf 50. Gehalten werden diese Blüten von kurzen, leicht nach oben zeigenden Stielen, sodass das Ganze eher einer Blütensäule als einer Pyramide gleicht. Die Blüten sind nicht sehr groß und bestehen aus festen Blütenblättern, die stark zurückgeschlagen sind und wie runde, hängende Laternen aussehen.

Die Farbe der Blüten variiert zwischen dem üblichen Pink bis Mauve und blassem Pink sowie sehr dunklem Kastanienbraun. Die dunkelste Form ist *L. martagon* var. *cattaniae*, deren Färbung durch die glänzende Oberfläche – die meisten Lilien der Martagon-Sektion sind eher matt – noch stärker zur Geltung kommt. Sehr begehrt sind Albinos. *L. martagon* var. *album* ist für gewöhnlich einheitlich schneeweiß,

Charakteristische Merkmale der dunklen Form *L. martagon* var. *cattaniae* sind ihre nicht getüpfelte burgunderrote Färbung, ihre wie lackiert wirkende Oberfläche sowie ihre behaarten Knospen und Stängel.

L. martagon var. *album* ist bei Gärtnern nicht nur wegen ihrer Schönheit begehrt, sondern auch aufgrund des Kontrasts zu der in unmittelbarer Nachbarschaft gepflanzten normalen Türkenbundlilie (*L. martagon*), wobei beide einander gegenseitig hervorheben. Die weiße Form ist ebenso unproblematisch und langlebig wie die normale. Einige dieser Lilien sind völlig weiß, andere weisen ein paar kleine dunkle Tupfen auf.

kann aber auch die charakteristische Tüpfelung farbiger Formen aufweisen. Eine pinkfarbene Tüpfelung ist typisch für die weiße *L. martagon* var. *albiflorum*.

Von jedem Stängel lassen sich zahlreiche Schoten ernten, die mit bis zu 100 Samen gefüllt sind. Sät man sie im Sommer direkt in die Erde, keimt der Samen im Untergrund, während die ersten richtigen Blätter erst im neuen Jahr erscheinen. Danach wachsen die Pflanzen langsam heran und blühen in fünf bis sieben Jahren.

Die meisten Lilien brauchen Sonne, um sich gut zu entwickeln; die Türkenbundlilie verträgt aber auch ein wenig Schatten und gedeiht somit bestens zwischen Sträuchern. Sie wächst in den meisten Böden, solange sich keine Staunässe bildet.

Einige Botaniker meinen, der Goldtürkenbund (*L. hansonii*, siehe nächste Seite) aus der Martagon-Sektion komme dem Prototyp, aus dem sich die Gattung *Lilium* entwickelt hat, wohl am nächsten. Als primitivste Merkmale dieses Prototyps nennen sie das wirtelförmige Blattwerk, die zurückgebogenen Blütenblätter, orangegelbe Blüten, aufrechte Stängel und nicht taillierte Zwiebelschuppen. In letzterer Hinsicht unterscheidet sich die prototypische Lilie von der Türkenbundlilie selbst.

WEITERE ARTEN AUS DIESER SEKTION SIND AUF SEITE 152 BESCHRIEBEN.

L. hansonii
Der Goldtürkenbund ist eine großartige, robuste Lilie in der typischen Art der Türkenbundlilien mit aufrechten Stängeln, wirtelförmig angeordneten Blättern und nickenden Blüten. Die Blütenblätter sind zurückgebogen, wenn auch weniger stark als bei der Türkenbundlilie.

Die Blüten sind ähnlich groß wie bei der Türkenbundlilie, aber da die Blütenblätter breiter sind und mit den Spitzen nach oben zeigen, wirken sie eher größer. D e orangegelbe Färbung wird durch die sommersprossenartige Tüpfelung belebt. Der Goldtürkenbund wird 1 bis 1,5 m hoch, und die starke Wurzelbildung an seinem Stängel kann an dessen unterirdischem Abschnitt zur Ausbildung von Brutzwiebeln führen. Haben sich die Zwiebeln erst einmal eingewöhnt, nehmen sie stetig an Umfang zu. Die Pflanze kann an Ort und Stelle bleiben, solange sie nicht zu sehr von ihren eigenen Abkömmlingen oder benachbarten Pflanzen bedrängt wird. Goldtürkenbund bevorzugt einen offenen Standort – eventuell auch zwischen Sträuchern – in lockerem und durchlässigem Boden, der auch leicht kalkhaltig sein darf.

L. tsingtauense
Diese besonders charakteristische Lilie aus Korea und China entwickelt sich rasch aus Samen und lässt sich auch im Garten recht gut kultivieren. Sie hat typische, aufrechte Stängel mit wirtelförmig angeordneten Blättern, und die Verwandtschaft mit der Türkenbundlilie ist deutlich zu sehen. Doch ist sie der Rebell der Familie: Ihre orangefarbenen Blüten sind nach oben gerichtet, die Blütenblätter sind horizontal und nur die Spitzen etwas zurückgebogen. Die meisten meiner Pflanzen sind rund 50 cm hoch, aber hin und wieder erreicht eine auch 1 m.

Die Amerikanische Sektion

a. *L. humboldtii, L. columbianum, L. kelloggii, L. washingtonianum, L. rubescens, L. bolanderi*
b. *L. pardalinum, L. nevadense, L. occidentale, L. maritimum, L. parvum, L. parryi, L. vollmeri, L. wigginsii*
c. *L. superbum, L. michauxii, L. iridollae, L. michiganense, L. canadense, L. grayi*
d. *L. philadelphicum, L. catesbaei*
Charakteristika: Keimung über dem Boden verzögert (mit gelegentlichen Ausnahmen bei *L. philadelphicum, L. parvum, L. parryi, L. humboldtii*), wirtelförmig angeordnete Blätter, taillierte Zwiebelschuppen (außer a.), Zwiebeln mehr oder weniger rhizomartig und nicht aufrecht, schwerer Samen (außer c.), glatte Blütenblätter, Stängel aufrecht

Die Pantherlilie *L. pardalinum* kann man getrost sich selbst überlassen; sie gilt in der Regel als die unproblematischste Spezies innerhalb der Amerikanischen Sektion. Sie zeichnet sich durch wirtelförmig angeordnete Blätter, hängende turbanförmige Blüten, kräftige Farben, starke Tüpfelung und rhizomartige Zwiebeln aus.

Diese weit von anderen Kontinenten beheimatete Sektion von Lilien, deren einzelne Arten oft nur in ganz bestimmten Gegenden wachsen, ist in sich sehr heterogen. Selbst in amerikanischen Gärten sind sie nicht einfach zu ziehen, wobei die Pantherlilie (*L. pardalinum*) noch als die pflegeleichteste gilt. Sie wächst in der Südhälfte Oregons und in Kalifornien fast bis zur mexikanischen Grenze. Dieses große Verbreitungsgebiet bedingt eine gewisse Variationsbreite. Die Höhe der Pflanzen ist ebenso unterschiedlich wie die Größe der Blüten – so unterschiedlich, dass manche Botaniker einigen Populationen den Status einer eigenen Varietät oder neuen Art zugestehen.

Die normale Pantherlilie ist eine robuste, aufrecht wachsende Pflanze mit hellgrünen Stängeln und wirtelförmig angeordnetem Laub. Im Hochsommer entwickelt sie Blütenstände mit bis zu zehn hängenden Blüten. Die Blütenblätter sind goldgelb bis orange und an der Spitze karmesin- bis scharlachrot. Das Orange der Blütenblätter ist, vor allem zur Basis hin, mit auffälligen Flecken in dunklem Kastanienbraun gesprenkelt. Jeder Blütenstand trägt etwa ein halbes Dutzend Blüten aus 9 cm langen, spitzen Blütenblättern. Sie sind so stark zurückgebogen, dass Staubgefäße und Narben gut zur Geltung kommen. Öffnen sich die zunächst purpurroten Staubblätter, färben sie sich vom Pollen goldgelb. Die Pflanzen sind 1 bis 2 m hoch.

Ein besseres Beispiel für eine rhizomartige Lilienzwiebel gibt es nicht. Der Wurzelstock ist reich mit gelben Schuppen versehen, die meist nach außen und nach oben zeigen; die neueren Schuppen der wachsenden Vegetationspunkte sind anfangs cremefarben. Sie können die Pflanzen mehrere Jahre sich selbst überlassen. Wollen Sie aber ihr Wachstumspotenzial voll ausschöpfen, heben Sie einen Teil des Wurzelstocks im Spätsommer behutsam an und trennen einige Abschnitte mit einem scharfen Messer ab. Aus jedem dieser Abschnitte entwickelt sich eine eigene Pflanze, sofern sie über einen der helleren Vegetationspunkte verfügt. Vorsicht: Die taillierten Schuppen sind brüchig (siehe Seite 18). Finden Sie nach getaner Arbeit lose

L. superbum kann es an Robustheit und Langlebigkeit durchaus mit der Pantherlilie aufnehmen. Sie bildet sehr ansehnliche Horste mit zahlreichen Stängeln und Blüten. Für gewöhnlich ist sie etliche Nuancen blasser als die Pantherlilie, aber mit ihren bis zu 2,5 m hohen Stängeln strotzt sie geradezu vor Gesundheit.

L. pardalinum var. *giganteum* ist die erste Lilie, die ich gesehen habe. Mit rund 2 m Höhe und ihrer gewaltigen Kraft machte sie auf mich großen Eindruck. Zu ihrem glänzenden Aussehen gesellt sich eine Haltung wie bei einer Parade. Sie gedeiht selbst in mäßigen Böden.

Schuppen, sollten Sie sie wieder in den Boden stecken, da jede das Potenzial zur Bildung einer neuen Pflanze in sich trägt, auch wenn diese Pflanzen erst nach einigen Jahren blühen. *L. pardalinum* var. *giganteum* ist entweder eine besonders beeindruckende Wildform oder eine schon früh gesammelte natürliche Hybride und als solche womöglich das Ergebnis einer Verbindung mit *L. humboldtii*. Sie ähnelt der ursprünglichen Art, ist aber viel auffälliger. Die etwas größeren Blüten sind unter Umständen noch stärker hängend, die Blütenfarben Goldgelb und Karmesinrot noch genauer gezeichnet. Sehr auffällig sind die – manchmal gelb umringten – Flecken in dunklem Purpur. Die Pflanzen gedeihen in den meisten Böden und vertragen etwas Kalk und leichten Schatten.

L. superbum weist denselben Wuchs auf wie *L. canadense* (siehe Seite 49): Ihre Zwiebeln treiben zahlreiche Sprosse, die Blätter sind wirtelförmig angeordnet. Eine ausgewachsene Pflanze kann unter günstigen Bedingungen eine ganze Reihe bis zu 2,7 m hoher Stängel mit einer Vielzahl Blüten bilden. Anders als bei ihrer Verwandten sind die Blütenblätter zurückgerollt, sodass weniger charakteristische, kugelförmige Blüten entstehen. Diese sind meist hellorange, einige tendieren mehr ins Gelbliche, andere ins Rötliche; alle sind aber mit großen kastanienbraunen Flecken übersät. Verglichen mit *L. canadense* mag das bescheiden sein, aber dafür ist *L. superbum* zuverlässiger und robuster.

WEITERE ARTEN AUS DIESER SEKTION SIND AUF DEN SEITEN 152–153 BESCHRIEBEN.

L. kelloggii (unten)
In Wuchs und Gestalt ist *L. kelloggi* halb so groß wie die verwandte Pantherlilie, und so wirkt sie, als betrachte man sie durch das falsche Ende eines Fernrohrs. Sie erreicht normalerweise 30 bis 60 cm Höhe, kann aber auch doppelt so hoch werden. Ihr Wuchs ist derselbe wie bei der Panther- oder Türkenbundlilie, und ihre elfenbeinfarbenen Knospen öffnen sich zu Blüten, deren zwischen Pink und Mauve liegender Ton im Lauf der Zeit zu Purpurrot nachdunkelt. Die Spezies eignet sich gut für den Garten, zumal sie im Gegensatz zur Pantherlilie auch noch duftet. Auf dem Foto ist ein Sämling von *L. kelloggii* abgebildet, der auf eine Verbindung mit einer verwandten Art schließen lässt.

L. canadense (links)
Die schon seit langem kultivierte *L. canadense* – Parkinson erwähnt sie bereits im Jahr 1629 – gilt als ausgesprochen kapriziös. Entwickelt sie sich aber so, wie sie sollte, wird deutlich, weshalb sie von den meisten Lilienfreunden als schönste aller amerikanischen Arten und vielleicht sogar der ganzen Gattung angesehen wird. Ihre Blüten sind wunderbar anmutig, die Blütenblätter beschreiben einen sanften Bogen – eine elegante, geradezu klassische Pose. Die Farbe variiert zwischen Goldgelb und dunklem Orange oder Rot. Die Ausläufer treibenden Zwiebeln wachsen rasch und teilen sich beständig. Die Pflanze benötigt kalkfreien Boden.

L. grayi (oben)
Dies ist eine exquisite, ganz eigene Spezies, deren kleine rhizomartige Zwiebeln relativ kräftige, aufrechte Stängel von rund 1–1,5 m Höhe austreiben. Die glockenförmigen Blüten werden von langen, oft im 45-Grad-Winkel abstehenden Stielen leicht nach unten hängend gehalten. Die Blütenblätter bilden eine echte Glocke und öffnen sich nach außen. Die ganze Blüte ist in kräftigem Orangerot gehalten; das Innere spielt leicht ins Goldgelb und ist mit zahlreichen dunklen Schönheitsflecken übersät. In der Regel trägt jeder Stängel mindestens ein halbes Dutzend Blüten.

Die Candidum-Sektion

L. candidum*, *L. chalcedonicum*, *L. pomponium*, *L. pyrenaicum* , *L. pyrenaicum* subsp. *carniolicum*, *L. ciliatum*, *L. monadelphum*, *L. polyphyllum*, *L. bulbiferum
Charakteristika: Keimung unterirdisch (*außer L. bulbiferum*, *L. polyphyllum*, *L. monadelphum*), verzögert (außer in seltenen Fällen *L. candidum*), Blätter zerstreut, zahlreiche große Zwiebelschuppen, schwerer Samen, turbanförmige Blüten (außer *L. candidum*, *L. bulbiferum*), aufrechte Stängel, keine Wurzeln am Stängel oder sehr selten

Die Madonnenlilie (*L. candidum*) ist eine endemische Art vom Balkan und aus dem Mittleren Osten. Ihre Verbindung mit der Kulturgeschichte des Menschen geht bis in die Zeit weit vor Christi Geburt zurück. Die Madonnenlilie vereint Nützlichkeit und Schönheit. Weil ihre Zwiebeln essbar sind, wurde sie schon früh als Futterpflanze genutzt, aber auch als Dekoration bei Beerdigungen oder anderen Feierlichkeiten.

Diese Gruppe ist überwiegend europäischer Herkunft, auch wenn ihr Verbreitungsgebiet bis in den Nahen Osten und nach Georgien reicht. Die Madonnenlilie hat eine Sonderstellung; botanisch am nächsten kommt ihr *L. monadelphum*. Keine Art dieser Gruppe bereitet bei der Kultivierung Schwierigkeiten.

Trotz ihrer Anfälligkeit für Viren führt die Madonnenlilie das Team an. Kaum etwas ist so eindrucksvoll wie der gesunde Horst einer Madonnenlilie in voller Blüte. Sie verströmt einen betörenden Duft und steht, seit sie in den Klostergärten hoch verehrt wurde, für das Ideal der Schönheit schlechthin. Als solches darf sie in keiner botanischen Sammlung fehlen, und noch immer gilt sie als ideale Cottage-Garten-Pflanze, auch wenn sie heute nicht mehr so weit verbreitet ist. Im Frühsommer bilden die kräftigeren Zwiebeln an bis zu 1,5 m hohen Stängeln bis zu 20 Blüten; üblicher aber sind Stängel von rund 1,2 m Höhe mit einem Dutzend Blüten. »Candidum« bedeutet strahlend weiß, und das sind die Blüten der Madonnenlilie auch, mit einem Hauch Goldgelb im Zentrum und kräftig gelben Staubgefäßen.

Fast einzigartig für die Gattung ist, dass die Zwiebeln eine Rosette langer, ovaler Blätter ausbilden, nachdem der Blütenschaft abgestorben ist, und dass diese nützliche Bodenmarkierung den ganzen Winter über bestehen bleibt. Im Frühjahr treibt dann aus der Mitte der neue Blütenschaft und bildet wechselständige oder zerstreut stehende Blätter, die relativ breit sind und dicht am Stängel stehen, aber mit zunehmender Höhe kleiner werden. Die Madonnenlilie braucht einen offenen, sonnigen Platz. Als Einzige in der gesamten Gattung muss sie so flach gepflanzt werden, dass die Spitze der Zwiebel nur ganz knapp unter der Erdoberfläche liegt. Pflanzzeit ist wenige Wochen nach der Blüte, also gegen Ende des Sommers. Am besten gedeiht sie in porösem, durchlässigem Boden mit leichtem Kalkgehalt. Ist sie einmal gepflanzt, lässt man sie am besten in Ruhe, bis der Horst nach ein paar Jahren zu dicht ist.

Weil sie anfällig für Viruskrankheiten ist, sollte man sie so weit wie möglich von anderen Lilien entfernt pflanzen. Versuchen Sie, virusfreie Exemplare zu bekommen, wie sie kommerziell aus dem winzigen Vegetationspunkt der Pflanze, dem Meristem, gezogen werden. Samen wird mitunter nur spärlich produziert, aber aus Samen gezogene Pflanzen beginnen ihr Leben frei von Krankheiten. Virusbefall ist zu befürchten, wenn das Laub blassere Streifen aufweist und insgesamt gelblich wirkt.

L. bulbiferum var. *croceum* ist die bekannteste Form einer Spezies, die nach ihrer Fähigkeit benannt ist, Brutzwiebeln in Blattachseln zu bilden. Unglücklicherweise folgt diese Form nicht dem Vorbild ihrer Art, doch selbst ohne die Brutzwiebeln sind ihre Zwiebeln robust und wachsen schnell. Sie blüht als eine der ersten Lilien und gilt als recht problemlos.

Schwer befallene Pflanzen haben oft verformte Blätter und Blüten. Ein Gegenmittel gibt es nicht, sodass sämtliche Teile der befallenen Pflanze vernichtet werden müssen. Lässt man ein krankes Exemplar stehen, können Blattläuse die Krankheit weiter verbreiten. Andere Ursachen für schlechtes Gedeihen können längeres Stehen in Staunässe oder zu tief eingesetzte Zwiebeln sein.

Eine der wichtigsten Arten dieser Gruppe ist die Feuerlilie (*L. bulbiferum*), eine Schlüsselpflanze bei der Züchtung Asiatischer Hybriden. Die Feuerlilie ist eine europäische Art, die in den Pyrenäen, den Alpen und auch etwas weiter nördlich heimisch ist. Sie ist auffällig, weit verbreitet und hat aufrechte, in der Regel leuchtend orangerot gefärbte Blüten, die zu den Spitzen der Blütenblätter hin in Rot übergehen. Ihre erhabenen Papillen sind dunkel schokoladen- bis kastanienbraun. Die heute am häufigsten anzutreffende Form ist *L. bulbiferum* var. *croceum* – eine Lilie, die ähnlich getüpfelt, aber in einem gleichmäßigeren Orange gehalten ist. Die weiten glockenförmigen Blüten werden, wenn sie sich öffnen, fast völlig flach. Diese Form und die Art selbst bildeten die Grundlage für die Serie, die bereits 1879 unter der Bezeichnung *L.* x *hollandicum* (*L. bulbiferum* x *L. maculatum*) in den Handel kam. Sie war die Basis der modernen Asiatischen Hybriden, wobei *L. bulbiferum* die einzige an der Züchtung beteiligte europäische Art war.

Die Feuerlilie ist robust; sie wächst im Frühjahr schnell und blüht bereits im Frühsommer als eine der ersten Lilien. Sie wird 1 m hoch und bildet meist sechs bis acht Blüten, manchmal auch mehr. Die Feuerlilie entwickelt sich am besten, wenn sie im Spätsommer ausgegraben, geteilt und an anderer Stelle neu eingepflanzt wird. Der botanische Name geht auf ihre Fähigkeit zurück, in den Blattachseln Brutzwiebeln zu bilden; einigen Klonen, wie *L. bulbiferum* var. *croceum*, fehlt diese Eigenschaft. Die der Art am nächsten stehende Hybride ist 'Orange Triumph'.

WEITERE ARTEN AUS DIESER SEKTION SIND AUF SEITE 153 BESCHRIEBEN.

L. pyrenaicum (oben)
Diese Lilie ist in jeder Sammlung willkommen, da sie vermutlich die Erste ist, die im Freiland ihre Blüten öffnet. Ihre dicht mit Blättern bewachsenen Stängel tragen oft schon im späten Frühjahr nickende Knospen und Blüten. Die Zwiebeln bilden sich aus zahlreichen schmalen Schuppen. Sie können eine Weile brauchen, bis sie sich etabliert haben, aber dann bilden sie Horste, die sich viele Jahre halten. Die Blüten stehen recht dicht und sind hängend und turbanförmig; sie sind goldgelb bis zitronengelb gefärbt und mit Unmengen dunkler Tupfen übersät. Wegen des unangenehmen Geruchs der Blüten ist die Art nicht überall beliebt. Wie die meisten europäischen Lilien wächst sie in kalkhaltigem Boden ebenso gut wie in kalkfreiem.

L. chalcedonicum (rechts)
Diese Pflanze, die mir schon im Garten meiner Kindheit vertraut war, wird heutzutage nur noch selten kultiviert, was vielleicht an ihrer Anfälligkeit für Viruskrankheiten liegt. Doch sie ist eine ausgesprochen prächtige Lilie. Am 1 bis 1,5 m hohen Stängel stehen spiralig die relativ breiten Blätter. Zwischen drei und zwölf turbanförmige Blüten bilden recht dichte Blütenstände, deren leuchtendes Scharlachrot durch die hochglänzende Oberfläche noch stärker ins Auge sticht. Die Standardform ist nicht getupfelt, während die robustere *L. chalcedonicum* var. *maculatum* ein paar wenige Tupfen aufweist. Zusammen mit der Madonnenlilie gehört sie zu den Eltern der durch Zufall entstandenen Hybride *L.* x *testaceum*.

L. monadelphum
Diese Lilie wächst wild im Kaukasus, und dies häufig in so großer Zahl, dass die Berghänge über und über gelb gefärbt sind. Ihre nickenden Blüten haben breite, zurückgebogene Blütenblätter. Als typisch für die Art gilt eine etwas dunklere Schattierung als die derjenigen Form, die lange als *L. szovitsianum* kultiviert wurde – eine Lilie mit einer primelartigen Blüte, deren Staubgefäße statt gelb rostbraun bis orange sind. Die großen Zwiebeln bestehen aus zahlreichen schmalen Schuppen. Nach dem Pflanzen kann es eine Weile dauern, bis sie sich eingewöhnt haben, aber dafür halten sie dann jahrzehntelang durch. Ihre Stängel, die je nach Standort 60 cm bis 1,5 m hoch werden, tragen glänzende, breite, gebogene Blätter und etwa fünf offene, trompetenförmige Blüten. Für gewöhnlich weisen sie ein paar wenige schokoladenbraune Tupfer auf. Die einzelnen Blüten sind so groß wie die der Madonnenlilie.

Die Pflanzen gedeihen in recht unterschiedlichen Böden und vertragen auch Kalk. Meist produziert diese Lilie Unmengen Samen, der auch gut keimt, wenngleich die Sämlinge fünf oder mehr Jahre brauchen, bis sie zur Blüte kommen. Die Zwiebeln sollten ungestört an einem sonnigen, offenen Standort bleiben; müssen sie doch einmal versetzt werden, dann im Hoch- bis Spätsommer. *L. kesselringianum* ist eine leicht magersüchtige Version dieser Art; sie ist blasser und hat schmalere Blütenblätter.

Die Orientalische Sektion

L. speciosum*, *L. auratum*, *L. nobilissimum*, *L. japonicum*, *L. rubellum*, *L. brownii
Charakteristika: Keimung über dem Boden verzögert (mit Ausnahme einer Form von *L. brownii* und selten *L. speciosum*), Blätter wechselständig mit ausgeprägtem Blattstiel, eng anliegende Zwiebelschuppen, aufrechte Zwiebeln, Trompetenblüten (außer *L. auratum*, *L. speciosum*), weiß (mit Ausnahme einiger Formen von *L. speciosum*)

Diese Sektion umfasst japanische und fernöstliche Lilien. Sie lieben offene, saure Böden und gedeihen in Gärten ohne allzu große Temperatur- und Feuchtigkeitsschwankungen, sind aber oft weniger langlebig als Lilien anderer Sektionen. Ihre Schönheit aber ist unbestritten.

Die Prachtlilie (*L. speciosum*) ist nach Ansicht vieler Liebhaber die allerschönste Art einer an Schönheit wahrhaft reich gesegneten Gattung. Sie blüht als eine der letzten, oft erst gegen Ende des Sommers, aber dafür halten sich ihre Blüten recht lange. Pro Stängel öffnet sich nacheinander ein gutes halbes Dutzend. Jede der halb hängenden Blüten wird von einem langen Blütenstiel gehalten. Ihre Blütenblätter sind

Die Prachtlilie *L. speciosum* aus Japan ist möglicherweise das anmutigste aller Mitglieder einer äußerst eleganten Gattung. Schon die kleinste Spur von Kalk wirkt sich fatal auf sie aus. Aus der Kreuzung dieser Spezies mit der Goldbandlilie (*L. auratum*) sind die sehr unterschiedlich ausfallenden, opulenten Orientalischen Hybriden hervorgegangen.

L. speciosum var. *album* ist die unverfälschte, schneeweiße Form dieser Spezies. Sie wäre zu jeder Jahreszeit eine Freude, doch gerade gegen Ende der Liliensaison sind ihre Blüten besonders willkommen.

zurückgebogen und reichlich mit Papillen ausgestattet, die oft kräftiger gefärbt sind als die üblichen, zwischen Karmesinrot und Pink liegenden Töne der Blütenblätter. Die Intensität der Färbung nimmt zu den manchmal sogar weißen Rändern hin ab. Es gibt viele Farbabstufungen, darunter auch reinweiße Klone; die meisten aber sind in einem warmen Pink gehalten, andere in kräftigem Karmesinrot. Auffällig sind die gelbgrünen Nektarfurchen und der dekorative dunkle Pollen auf den Staubgefäßen. Diese Art kann auch in mitteleuropäischen Gärten erfolgreich kultiviert werden, sofern der Boden kalkfrei ist. Sie eignet sich auch bestens als Kübelpflanze.

L. speciosum var. *gloriosoides* ähnelt in Wuchs und Habitus der normalen Prachtlilie, hat aber völlig andere Blüten. Die Blüten – etwa vier pro Stängel – zeichnen sich durch Blütenblätter mit welligem Rand aus, die sich weit ausbreiten, bevor sie sich nach hinten biegen, und eher nach außen zeigen als hängen. Die weißen Blüten verfügen über auffällige grüne Nektarien und viele karmesinrote Tupfen in der Mitte eines jeden Blütenblatts, die dunklen Staubgefäße ragen weit aus der Blüte. Die Pflanze wird 60 cm bis 1 m hoch und wächst ebenso problemlos wie die anderen Lilien ihrer Sektion in kalkfreien, durchlässigen Böden.

WEITERE ARTEN AUS DIESER SEKTION SIND AUF SEITE 153–154 BESCHRIEBEN.

L. auratum

Die Goldbandlilie ist diejenige japanische Spezies, die eine wahre Sensation auslöste, als sie erstmals im Jahr 1862 in London vorgestellt wurde. Danach wurden in ihrer Heimat an den Hängen erloschener Vulkane, wo sie in der Vulkanasche wuchsen, Millionen von Exemplaren gesammelt. Zunächst neigten die Züchter dazu, die Zwiebeln mit Nährstoffen zu überschütten, was den Pflanzen nicht immer gut bekam. Selbst wenn sie auf den ersten Blick kerngesund wirkten, konnte es sein, dass sie sich mehr über die Wurzeln am Stängel ernährten als über die der Zwiebel, die beim Ausgraben am Ende der Saison entweder völlig verkümmert oder ganz verschwunden war.

Die Blüten in der Form breiter, nach außen gerichteter Schalen können einen Durchmesser von 20 bis 25 cm erreichen. Jedes weiße Blütenblatt ist bis zu 15 cm lang und hat meist in der Mitte einen goldgelben Streifen, dem die Pflanze ihren deutschen Namen verdankt. Häufig ist die Blüte karmesinrot getüpfelt. Der Duft der Goldbandlilie ist überwältigend.

Die Zwiebeln benötigen durchlässigen, kalkfreien Boden, der mit ein wenig gut verrottetem organischem Material angereichert sein kann. Heute wird die Goldbandlilie weniger angebaut als die zahlreichen Hybriden, die aus ihrer Kreuzung mit der Prachtlilie (*L. speciosum*) hervorgegangen sind; diese sind auch weitaus einfacher zu kultivieren.

L. rubellum

Dies ist eine weitere japanische Art – eine echte Schönheit, aber äußerst schwer zu kultivieren. Im Wuchs ähnelt sie der Prachtlilie, aber die Blüten sind doch deutlich anders. An ihrer Basis sind sie schmal und trichterförmig, zur Öffnung hin erweitern sie sich stark. Die Stängel werden 30 bis 75 cm hoch und tragen ein bis fünf Blüten, meist in einem kräftigen Ton zwischen Rosarot und Pink. Die Zwiebeln brauchen sehr gute Drainage und gedeihen am besten in mit Lauberde angereichertem Boden.

Die Asiatische Sektion

a. L. duchartrei, L. lankongense, L. papilliferum, L. davidii, L. leichtlinii, L. lancifolium, L. henryi, L. rosthornii
b. L. concolor, L. callosum, L. fargesii, L. cernuum, L. pumilum, L. amabile
c. L. amoenum, L. exanthum, L. henricii, L. mackliniae, L. nanum, L. paradoxum, L. sempervivoideum, L. sherriffiae, L. soulieli, L. bakerianum, L. wardii, L. taliense, L. nepalense, L. primulinum, L. ochraceum
Charakteristika: Keimung unter der Erde sofort (außer *L. henryi*), Blätter zerstreut, eng anliegende Zwiebelschuppen, aufrechte Zwiebeln, leichter Samen (außer *L. henryi*, *L. amabile*), turbanförmige Blüten, weiß (außer *L. henryi* und einige von Sektion c.), Stängel mehr oder weniger stolonenartig (außer Sektion b.), Wurzelbildung am Stängel, kleine Narbe
a. Blütenblätter und Nektarium Papillen tragend, Nektarium behaart, Samen geflügelt
b. wenige Zwiebelschuppen, aufrechte Stängel, zwei Stängel pro Zwiebel, Samen nicht geflügelt
c. glatte Blütenblätter, unbehaartes Nektarium, Samen geflügelt

Der Mandarin-Türkenbund (*L. henryi*) ist eine der zuverlässigsten und ausdauerndsten Gartenlilien, die sich ohne besondere Pflege über Jahrzehnte hält. Sie verträgt Kalk nicht nur, sondern scheint eine gewisse Menge davon im Boden sogar zu genießen – eine Eigenschaft, die die Züchtung wichtiger kalkresistenter Gartenhybriden gefördert hat.

Die Asiatischen Lilien bilden eine sehr heterogene Sektion, die von winzigen Pflänzchen bis hin zu wahren Riesen reicht. Einige sind kinderleicht zu kultivieren, während andere auch den erfahrensten Gärtner auf eine harte Probe stellen. Im und nach dem Zweiten Weltkrieg wurden zahlreiche Gärten jahrelang sich selbst überlassen, sodass die Natur wieder das Regiment übernahm. Viele Stellen, an denen zuvor der Mandarin-Türkenbund (*L. henryi*) wuchs, wurden völlig überwuchert, sodass die Zwiebeln sich in ihrer asiatischen Heimat gewähnt haben mögen. Sie schienen völlig verschwunden zu sein, aber als das Gelände vom Gestrüpp befreit worden war, trieben sie schon bald wieder ihre charakteristischen gebogenen Stängel mit glänzenden Blättern und hängenden Blüten aus – ein Beispiel für die Lebenskraft dieser Pflanzen.

Obwohl der Mandarin-Türkenbund der großen Asiatischen Sektion zugerechnet wird, handelt es sich um eine sehr individuelle Pflanze, die eher zu den einfacheren Lilienarten gehört. Er hat große, dicke Zwiebeln und kräftige Stängel von 1,2 bis 2,4 m Länge, die dicht mit langen, breiten, gebogenen, leuchtend grünen Blättern besetzt sind und eine große Zahl von Blüten tragen können. Während Wildpflanzen mit einer bis vier Blüten pro Stängel vorlieb nehmen müssen, sind es in der Gartenkultur eher sechs bis zwölf und in Ausnahmefällen auch schon einmal über 30. Die großen Blüten sind meist nach unten gerichtet, die Blütenblätter bei der ausgereiften Blüte stark nach hinten gebogen. Innen sind sie mit unzähligen Papillen besetzt.

Die Farbe der Blüten – ein mittleres Orange mit einigen dunkleren Flecken – kann bei starker Sonneneinstrahlung ein wenig blasser werden. Die Pflanzen ver-

L. lancifolium var. *flaviflorum* ist die seltene gelbe Form der Tigerlilie, die früher unter dem botanischen Namen *L. tigrinum* geführt wurde. Die pflegeleichte Lilie produziert in den Blattachseln Unmengen Brutzwiebeln und sorgt so in fast schon exzessivem Ausmaß für ihre Fortpflanzung.

tragen etwas Schatten, der zudem verhindert, dass sie allzu stark ausbleichen. Die Nektarkanäle zeichnen sich in der Mitte der Basis eines jeden Blütenblatts deutlich in Grün ab. Der Mandarin-Türkenbund blüht wesentlich später als die meisten Lilien – im Spätsommer nach den meisten anderen Arten der Asiatischen Sektion, aber nicht so spät wie die Prachtlilie (*L. speciosum*). Die Züchter verdanken der Pflanze viel, denn viele moderne Hybriden gehen auf sie zurück: Aus der Kreuzung mit der Trompetenlilie *L. sargentiae* gingen die Aurelianense-Hybriden hervor und aus der Verbindung mit Lilien der Orientalischen Sektion neue Sorten von Lilien, die sogar Kalk vertragen – die »Orienpets«. Zudem ist die Art nicht sonderlich anfällig für Viruserkrankungen.

Aus derselben Heimat wie der Mandarin-Türkenbund in Zentralchina stammt auch *L. rosthornii* – eine Lilie, die ersterer botanisch so nahe steht, dass sie womöglich nur eine andere Form von ihr ist. Sie unterscheidet sich von ihr durch längere, schmalere Blätter, lange Samenschoten und Blüten mit deutlicher hervortretender Tüpfelung.

Manche Lilien haben verschiedene Namen, die aber in der Regel keine allzu große Verwirrung stiften. Die Tigerlilie (*L. lancifolium*) hieß früher *L. tigrinum*. Von allen Lilien ist sie mit am leichtesten zu kultivieren, und außerdem beeindruckt sie selbst Kinder mit ihrer Fähigkeit, an den Stängeln »Babys« zu produzieren. In jeder Blattachsel können ein oder zwei Brutzwiebeln sitzen. Belässt man sie am Stängel, treiben einige dieser Brutzwiebeln schon Wurzeln und kleine Blätter aus, noch bevor sie zu Boden fallen. Dort angekommen, durchdringen die Wurzeln den Boden und ziehen schließlich durch Kontraktionen in der Art einer Ziehharmonika die Zwiebel unter die Erde. Aus größeren Brutzwiebeln können Pflanzen wachsen, die ein paar Jahre später blühen.

Die robuste Tigerlilie hat drahtige, dunkle Stängel und schmale, dunkle, gebogene Blätter. Dieser extrovertierte Habitus kann sich aber auch nachteilig auswirken. Eine von Viren befallene Zwiebel kann jahrelang weiterleben, ohne dass man die Symptome des Befalls bemerkt, da die helleren Streifen an den Blättern nicht sonderlich auffallen. Sämtliche Brutzwiebeln einer solchen Pflanze sind ebenfalls vom Virus befallen.

Die in sehr dunklem Purpurrot gefärbten, 1,5 bis 2 m hohen, aufrechten Stängel mit den dichten, gebogenen Blättern bilden einen idealen Hintergrund für die leuchtend orangeroten Blüten. Ein Stängel kann 25 bis 35 Blüten tragen, jede hat einen Durchmesser von bis zu 10 cm und ist reichlich mit dunklen Flecken verziert. In ihrer Heimat China werden die Zwiebeln der Tigerlilie seit langem als Futtermittel geschätzt. Im Lauf ihrer Ausbreitung nach Korea und Japan wurden robustere Formen selektiert. Die heute im Handel erhältlichen Formen scheinen mit allen Böden zurechtzukommen, sogar mit leicht kalkhaltigen. Eine weitere Form, *L. lancifolium* var. *splendens*, tendiert stärker nach Rot und ist etwas größer und kräftiger getupft. *L. lancifolium* 'Flore Pleno' hat gefüllte Blüten.

WEITERE ARTEN AUS DIESER SEKTION SIND AUF SEITE 154 BESCHRIEBEN.

L. mackliniae (unten)
Diese bezaubernde Lilie fühlt sich offenbar eher in den kühleren Gärten Schottlands als im Süden Englands wohl. Die meist recht niedrige Pflanze kann schon an nur 15 cm hohen Stängeln blühen, aber unter günstigen Bedingungen auch 75 cm hoch werden. Kleinere Zwiebeln mit kurzem Stängel setzen oft nur eine einzige Blüte an, kräftigere Stängel sechs oder mehr. Die hängenden, malven- bis pinkfarbenen Knospen biegen sich etwas nach oben, wenn die schüsse förmigen Blüten sich öffnen. Die Blütenblätter sind konkav, wobei nur die Spitzen leicht nach außen gebogen sind. Im Innern sind die Blüten weiß oder sehr blass rötlich pink. Leider ist die Pflanze recht anfällig für Viruskrankheiten. Dafür lässt sie sich leicht aus frischen Samen ziehen, und so ist es ratsam, für reichlich aus Samen gezogenen Ersatz zu sorgen.

L. leichtlinii (oben)
Sie blüht weniger überschwänglich als die Tigerlilie, ist aber trotzdem recht einnehmend mit ihren leuchtend zitronen- oder goldgelben, hängenden Blüten, die großzügig mit dunklen Papillen verziert sind. Heute hält man diese Lilie für eine Form der kräftigeren, üppig mit roten Blüten ausgestatteten *L. leichtlinii* var. *maximowiczii*, obwohl beide bis heute ihren offiziellen Status behalten haben. Beide haben kleinere Blüten als die Tigerlilie und unbehaarte Stängel, an denen keine Brutzwiebeln wachsen. Sie sind leicht aus Samen zu vermehren.

L. lankongense

Diese reizende Lilie mit ihren schlanken Stängeln wird 1 bis 1,2 m hoch, manchmal sogar höher. Ihre zahlreichen Blätter sind schmal. Die hängenden, zurückgebogenen Blüten erinnern ein wenig an die von *L. duchartrei* (siehe Seite 41), aber die Knospen liegen in der Farbe zwischen Pink und Mauve, während die pinkfarbenen Blütenblätter reichlich mit purpurroten Flecken verziert sind. Diese Färbung ist unterschiedlich intensiv, aber immer mit Tendenz zu Lila oder Mauve und nicht zu den eher gelblichen Pinktönen. An lockeren Blütenständen stellt sie etwa ein gutes Dutzend Blüten mit aufgerollten Blütenblättern zur Schau. In kühlen, feuchten Böden ist diese Lilie im Allgemeinen leichter zu kultivieren als einige andere Arten, während sie sich in meinem eigenen, recht trockenen Garten nie richtig wohl gefühlt und immer nur vorübergehend Fuß gefasst hat.

L. nepalense

Diese zu den auffälligsten Erscheinungen der gesamten Gattung zählende Lilie ist mittlerweile fast überall erhältlich. Die Zwiebeln treiben Sprosse aus, die ein wahres Nomadenleben führen; manchmal entfernen sie sich schon von der Mutterpflanze, bevor sie die Erdoberfläche durchbrechen und bis zu 75 cm hohe Stängel bilden. Die recht breiten Blätter sind mehr oder weniger wechselständig unter den meist ein oder zwei außergewöhnlich großen Blüten angeordnet. Diese sind an den nach außen zeigenden Blütenblattspitzen in einem blassen, cremigen Zitronengelb gehalten, auf mindestens zwei Dritteln der Fläche dagegen in einem unvergleichlich dunklen, zwischen Purpurrot und Kastanienbraun liegenden Ton gefärbt. Die wie lackiert wirkenden trompeten- bis schalenförmigen Blüten gehen von der Basis aus stark in die Breite. Der lackartige Glanz der Oberfläche wird möglicherweise durch die leichten, in Längsrichtung verlaufenden Riefen in den Blütenblättern noch stärker hervorgehoben.

L. taliense (links)
Diese Lilie wirkt wie eine große Schwester von *L. duchartrei* (siehe Seite 41) und trägt bis zu einem Dutzend duftender, weißer, turbanförmiger Blüten, die an kräftigen Stängeln von 1,2 bis 1,8 m Höhe hängen. Ihr Weiß und Gelb ist von kleinen, dunkel purpurroten Flecken übersät, und mitunter ist sie leicht malven- bis pinkfarben angehaucht. Das üppige Laub ist schmalblättrig und wechselständig angeordnet. Die meisten, aber nicht alle Klone haben Zwiebeln, die Sprosse treiben, aber nicht so sehr umherwandern wie bei *L. duchartrei*. Obwohl die Art Kalk verträgt, ist sie als Kulturpflanze nicht allzu häufig anzutreffen.

L. wardii (rechts)
Bei kräftigem Wachstum kann diese Lilie 1,5 m hohe Stängel mit 25 bis 35 pink bis mauve gefärbten turbanförmigen Blüten entwickeln. Die Nektarien heben sich durch ihre purpurrote Färbung ab. Kleinere Stängel erreichen oft nur 1 m Höhe und tragen lediglich zwei oder drei Blüten. Die Pflanzen lieben Humus und vertragen auch eine gewisse Menge an Kalk. An aus den Zwiebeln treibenden Stolonen entwickeln sich neue Zwiebeln, aber frischer Samen keimt leicht, und die Sämlinge sind oft schon nach zwei Jahren so groß, dass sie selbst Blüten ansetzen.

Die Sektion der Trompetenlilien

a. *L. sargentiae*, *L. sulphureum*, *L. leucanthum*, *L. regale*
b. *L. longiflorum*, *L. neilgherrense*, *L. formosanum*, *L. philippinense*, *L. wallichianum*
Charakteristika: Keimung unter der Erde sofort, Blätter zerstreut, ohne Stiele, eng anliegende Zwiebelschuppen, leichter Samen (außer *L. regale*, *L. longiflorum*, *L. neilgherrense*), aufrechte Zwiebeln, großes Stigma, Wurzelbildung am Stängel, trompetenförmige Blüten
a. Zwiebeln in dunklem Purpurrot oder Braun
b. Zwiebeln weiß, Blüten groß und schmal

Die Sektion der Trompetenlilien aus China, Indien und von den Pazifikinseln umfasst ein paar ganz besonders prächtige Arten, die so aussehen, wie man sich die ideale Lilie vorstellt. Die Königslilie (*L. regale*) – die berühmteste und in Gärten am weitesten verbreitete Trompetenlilie – ist eine kräftige, im Hochsommer blühende Pflanze, die sich in den meisten Böden und Klimazonen gut entwickelt. Einige später blühende Arten sind zwar ebenfalls sehr schön, aber leider auch sehr anfällig für Viren.

Die Königslilie ist nach wie vor eine der beliebtesten Zwiebelpflanzen. Sie kann sehr große Blütenstände bilden, deren kräftig purpurrot bis kastanienbraun gefärbte Knospen sich zu strahlend weißen, zur Basis hin goldgelben Blüten öffnen. Ihre Größe ist beträchtlich, ihr Duft betörend. Die Pflanze bildet reichlich Samen, aus dem sich Zwiebeln entwickeln, die nach einigen Jahren auf einem weniger als 60 cm hohen Stängel Blüten bilden. Werden die Zwiebeln größer, wachsen auch die Stängel auf bis zu 2 m Höhe an und tragen nun jeweils 20 bis 30 Blüten. Die Pflanze gedeiht im Beet und in Kübeln; je größer Letztere sind, desto besser. Ihre Lebenskraft zeigt sich schon am zeitigen Austrieb, das macht sie aber auch anfällig für späte Fröste. Benachbarte Pflanzen, vor allem Sträucher, bieten einen gewissen Schutz vor Frost, und zur Not können die frühen Triebe ja nach einer Frostwarnung abgedeckt werden.

Die Königslilie (*L. regale*) wird schon seit 100 Jahren kultiviert. Sie gilt allgemein als größter Erfolg des führenden Pflanzensammlers Ernest Wilson, der eine ungeheure Zahl schöner Pflanzen gefunden und in unsere Gärten eingeführt hat.

WEITERE ARTEN AUS DIESER SEKTION SIND AUF DEN SEITEN 155 BESCHRIEBEN.

L. regale var. *album* ist die reinweiße Form der Spezies. Abgesehen vom Fehlen der rosa- bis purpurroten Blütenfarbe ähnelt sie in jeder Hinsicht der normalen Königslilie. Beide blühen im Hochsommer.

L. longiflorum

Diese Lilie ist als Schnittblume sehr beliebt und deshalb eine der bekanntesten Lilien überhaupt. Obwohl nicht vollständig winterhart, kann sie in den wärmeren Teilen der Welt im Freien und anderswo unter Glas gezogen werden. Ihre grünlichen bis elfenbeinfarbenen Knospen öffnen sich zu reinweißen Trichtern und verströmen einen intensiven Duft. Samen, die zu Beginn des Frühlings unter Glas ausgesät werden, können sich noch bis Herbst zu blühenden Pflanzen entwickeln. *L. longiflorum* ist noch immer eine der beliebtesten Topfpflanzen und ein Elternteil der wichtigen LA-Hybriden, die aus einer Kreuzung dieser Art mit asiatischen Sorten hervorgegangen sind.

L. leucanthum var. centifolium
Der bekannteste Vertreter der seltenen Art *L. leucanthum* wird bis heute gern zur Zucht verwendet. Die Blüten dieser weißen Trompetenlilie mit goldgelbem Schlund sind zur Mündung hin weit geöffnet. Manchmal wird es Herbst, bis sich die purpurroten Knospen zu reinweißen, trichterförmigen Blüten entfalten, auf deren Staubblättern rostbrauner Pollen sitzt. Die Stängel werden 1,2 bis 2,1 m hoch. Die Lilie verträgt auch eine gewisse Menge Kalk im Boden.

Wir wollen uns nun den Hybriden zuwenden, um eine Vorstellung davon zu vermitteln, wie die modernen Sorten sich entwickelt haben, und dabei einige besonders attraktive und zuverlässige Sorten hervorheben. Die Tatsache, dass immer neue Varietäten auf den Markt drängen, soll uns dabei nicht abschrecken. Wird eine bestimmte Sorte vorübergehend oder für immer aus den Listen der Händler verbannt, treten andere mit ähnlichen oder gar leicht verbesserten Eigenschaften an ihre Stelle. Es gibt etliche über 50 Jahre alte Lilienhybriden, die sich nach wie vor gegen die Konkurrenz behaupten können, und sogar welche, die fast 100 Jahre alt sind, aber

Die Hybriden

'Acapulco', eine von unzähligen Orientalischen Hybriden, repräsentiert mit ihrer opulenten Form, ihrer exotischen Färbung und ihrem intensiven Duft die ganze Pracht des Orients. Ihr Auftritt ist gepflegt wie der einer Geisha, und so gilt sie seit langem als die Beste aller aufrechten, pinkfarbenen Orientalischen Hybriden. Abgebildet ist sie hier etwa in doppelter Größe.

noch immer nichts von ihrem Charme eingebüßt haben. Trompetenlilien wie die der Pink-Perfection-Gruppe wurden um 1950 gezüchtet und gelangten rund zehn Jahre später in den Handel. Die Golden-Splendor-Gruppe ist seit 1957 erhältlich, und ein Jahr später kam die African-Queen-Gruppe hinzu. Die aus wild wachsenden amerikanischen Arten gezüchtete Bellingham-Gruppe taucht sogar schon 1933 erstmals in den Listen der Händler auf. Die wohl altehrwürdigste aller bewusst gezüchteten Hybriden ist die Martagon-Hybride 'Marhan' aus dem Jahr 1891.

Für die Hybriden spricht weit mehr als nur die Tatsache, dass sie mittlerweile fast überall erhältlich sind. Fast immer sind sie pflegeleichter als die ursprünglichen Arten, da die Züchter durch gezielte Selektion nach und nach die robustesten ausgewählt haben. Durch Kreuzung sorgten sie dafür, dass die Nachteile bestimmter Arten mithilfe des Erbguts anderer Spezies weitgehend weggezüchtet wurden. Der Erfolg der Asiatischen Hybriden (siehe Seite 74) ist dafür ein klassisches Beispiel. Am einflussreichsten war dabei wohl das genetische Material des Mandarin-Türkenbunds (*L. henryi*), das mit dem der Trompetenlilien und der gegen Kalk allergischen Orientalischen Lilien zusammengebracht wurde. Aus der Kreuzung der Letzteren mit dem Mandarin-Türkenbund oder einer seiner Hybriden entstand eine Sorte, die uns Exoten wie 'Black Beauty' und 'Scheherazade' beschert hat, welche auch einen geringen Kalkanteil im Boden vertragen.

Bei allen hier erwähnten Hybriden handelt es sich um bewährte Pflanzen, und jeder Versuch, sämtliche Neuzüchtungen aufzuführen, wäre ohnehin zum Scheitern verurteilt. Zudem ist nicht überall auf der Welt das Angebot an Neuzüchtungen identisch, wenngleich es viele Hybriden gibt, die fast weltweit erhältlich sind. Ist eine bestimmte Sorte gerade vergriffen, gibt es als Ersatz immer eine ganze Reihe von ähnlichen. Besonders hoch ist die Zahl neuer Lilien unter den LA-Hybriden, die im Schnittblumenhandel eine wichtige Rolle spielen, aber auch die bewährten asiatischen Sorten und die Orientalischen Lilien sind bei Züchtern sehr beliebt.

Frühe Hybriden: Klone und Serien

'Mrs R. O. Backhouse', entstanden aus *L. hansonii* x *L. martagon*, erhielt 1921 den Preis »Award of Merit«. Die hell maisgelbe und mit etwas Pink getönte Blüte ist nur leicht getüpfelt.

ANMERKUNG: Soweit bekannt, sind in den Bildtexten das Jahr der Einführung und die Abstammung einer Sorte angegeben.

Werden wild wachsende Lilien von Insekten besucht, die fremde Pollen bei sich tragen, kann dies zur Bildung hybrider Samen führen. Dasselbe geschieht in der Gartenkultur, und einige dieser durch Zufall entstandenen Hybriden spielen im Gartenbau bis heute eine bedeutende Rolle.

Eine der berühmtesten frühen Hybriden wurde zu Beginn des 19. Jahrhunderts in Holland oder Deutschland gezüchtet. Dr. John Lindley nannte sie im Botanical Register von 1842 *L.* x *testaceum*, und ihre Abstammung wird unter dem Namen *L. chalcedonicum* x *L. candidum* geführt. Sie hat wunderschöne Blüten, die ebenso hoch stehen wie die ihres größeren Elternteils, der Madonnenlilie, und auch ähnliche Blätter, aber ihre Blüten sind hängend und in einem sehr gefälligen, weichen, cremigen Orange gehalten. Die Spitzen der Blütenblätter sind zurückgebogen, und der leuchtend orangefarbene Pollen kontrastiert mit der blasseren Farbe der Blüten. Die Zwiebeln waren viele Jahrzehnte lang weit verbreitet, bis viele einer Viruserkrankung zum Opfer fielen. Sobald die technischen Voraussetzungen gegeben waren, wurden durch Meristemkultur virusfreie neue Pflanzen gezogen, und so lohnt die Kultivierung von *L.* x *testaceum* noch immer. Nach wie vor gibt es nur eine begrenzte Zahl von Hybriden der Madonnenlilie, darunter 'Limerick', deren cremefarbene, hängende Blüte sich früh öffnet. Weitaus mehr Hybriden gehen auf die Türkenbundlilie (*L. martagon*) zurück.

Im 19. Jahrhundert war es Mode, Hybriden ebenso wie den Arten einen latinisierten botanischen Namen zu geben, ob es sich nun um einen einzelnen Klon wie *testaceum* handelte oder um eine Reihe von Sämlingen wie x *hollandicum* oder x *dalhansonii*. Heute darf eine Gruppe von Pflanzen ähnlicher Herkunft auch einen nicht lateinischen, eher umgangssprachlichen Namen erhalten, etwa Pink-Perfection-Gruppe. Um eine Sorte schon im Druckbild von einer Gruppe abzusetzen, stehen alle Sortennamen in einfachen hochgestellten Anführungszeichen, beispielsweise 'Enchantment'. Die meisten Liliensorten sind einfache Klone. Gruppennamen dagegen werden nicht weiter gekennzeichnet und beispielsweise einfach Golden-Splendor-Gruppe geschrieben.

Martagon-Hybriden

Im Jahr 1891 züchtete die niederländische Firma Van Tubergen durch Kreuzung von *L. martagon* var. *album* mit dem Goldtürkenbund (*L. hansonii*) die Sorte 'Marhan', deren Name sich aus Teilen der Elternnamen zusammensetzt. 'Marhan' ist eine echte Sorte, ein einfacher Klon, der seit über 100 Jahren durch vegetative Vermehrung gewonnen wird, ohne an Kraft eingebüßt zu haben. Alle Hybriden aus der Kreuzung dieser Arten werden etwa seit 1890 unter dem Seriennamen *L.* x *dalhansonii* geführt. Der ursprüngliche Klon stammt von *L. martagon* var. *dalmaticum* x *L. hansonii* – einer Lilie mit kastanienbrauner Blüte und goldgelben Tüpfeln.

Eines der frühesten Züchterehepaare waren Mr und Mrs R. O. Backhouse in ihrem Haus Sutton Court im Dorf Sutton St. Nicholas unweit vom englischen Hereford. In ihrem Garten wuchsen erstmals zahlreiche schöne Narzissen und Lilien. Besonders erfolgreich waren ihre Kreuzungen mit *L. martagon* x *L. hansonii* wie etwa 'Mrs R. O. Backhouse'. Eine ähnliche Hybride, 'Sutton Court', wurde 1925 in der Zeitschrift Gardener's Chronicle vorgestellt. Ich sah diese Lilie in Sutton Court, wo sie nach Jahrzehnten der Vernachlässigung gefunden wurde, als ein Nachkomme der Familie Backhouse aus Argentinien zurückkehrte. Dort hatte er als Gentechniker äußerst erfolgreiche Weizensorten gezüchtet. Die Pflanzen in Sutton Court waren von einem dichten Dornengestrüpp überwuchert, hatten aber überlebt.

Bei 'Ellen Willmott', auch eine Martagon-Hybride, dürfte es sich um einen Sämling von 'Marhan' handeln; die Blüte ist etwas heller. 'Theodore Haber' wurde aus der dunklen *L. martagon* var. *cattaniae* x *L. tsingtauense* gezüchtet. Die kräftige Farbe dieser Lilie wird durch ihre hochglänzende Oberfläche zusätzlich hervorgehoben.

'Komet B' ist eine robuste Pflanze mit dunklen Stängeln, gefälligen Blattwirteln und schönen, nach hinten gebogenen, hängenden Blüten in leuchtendem Dunkelorange. Die Haltung entspricht der der Türkenbundlilie, die Farbe scheint eher von einer Pflanze wie *L. tsingtauense* zu stammen.

Hybriden amerikanischer Arten

Von diesen gibt es nicht allzu viele, was eigentlich schade ist. Sie sind ideal zum Auswildern, weil sie zwischen Sträuchern und lichtem Gehölz ebenso gut gedeihen wie in Beeten. Die Bellingham-Gruppe wurde Anfang der 30er-Jahre eingeführt, obwohl die Vorarbeiten bereits 1918 in Los Angeles begannen. Die ersten Hybriden stammen aus der Kreuzung von *L. parryi* x *L. ocellatum* und *L. pardalinum* x *L. ocellatum*. *Die* Hybriden mit den Genen der Pantherlilie waren kräftiger und wurden dominant. Etwas später kamen zum großen Gengemisch noch *L. humboldtii*, *L. bolanderi* und *L. kelloggii* hinzu, und die Farbe der Blüten reichte von klarem Gelb bis zu Orangerot, die meisten waren mit dunkelbraunen Tupfern übersät. Der beste unter den wenigen Klonen, die einen Namen erhielten, war 'Shuksan' – eine Sorte, die noch immer angebaut wird.

Derek Fox im englischen Hockley in der Grafschaft Essex züchtete eine schöne Reihe von Hybriden aus *L. pardalinum* x einer pinkfarbenen 'Henry Bolander'-Hybride ('Henry Bolander' stammt von *L. pardalinum* x *L. bolanderi*). Diese Lilien wurden unter dem Sammelbegriff Bullwood-Gruppe zusammengefasst, zu der Pflanzen mit apricotfarbenen, pfirsichfarbenen, mandarinenfarbenen und roten Blüten zählten. Sie waren hängend, ihre zurückgebogenen Blütenblätter großzügig getüpfelt. Eine besonders gute Selektion war die Sorte 'Cherrywood' (1964) – eine hohe Pflanze mit weit auseinander stehenden Blüten in kräftigem Goldgelb und sehr dunklem Rot. Die Blütenblätter schwingen sich nach außen und zeigen nach oben.

'Lake Tahoe' (1977) ist von der Spitze eines jeden Blütenblatts aus mindestens zur Hälfte in einem Farbton zwischen dunklem Karmesinrot und Pink gehalten, im Zentrum dagegen weiß mit goldenen Streifen und einem in der Mitte grünen Nektarium. Die dunkle Tüpfelung bewegt sich zwischen Pink und Rot. Zumindest der Züchter, Edward McRae, hält seine Kreation für die mit Abstand beste aller Hybriden Amerikanischer Lilien.

'Shuksan' (1933) ist eine kräftige Pflanze mit überwiegend intensiv goldgelben Blüten, auffälliger Tüpfelung und einem Hauch von Karmesinrot an den Spitzen der Blütenblätter. Sie erreicht eine Höhe von 1,2 bis 1,8 m. (*L. humboldtii* x *L. pardalinum*)

'Lake Tahoe' und 'Lake Tulare' entstanden aus der Kreuzung von Bullwood-Sämlingen mit *L. bolanderi*. Beide Sorten werden 1,8 bis 2,4 m hoch. 'Lake Tulare' hat eine stark gebogene Blüte mit nach oben gerichteten Blütenblättern, bei denen die zwischen Kastanienbraun und Pink liegende Färbung in Weiß, Goldgelb und Grün übergeht. Die langen Stiele der Blüten sorgen für eine angemessene Präsentation.

Beliebte Asiatische Hybriden

'Connecticut King' (1967) ist eine robuste Pflanze, die über Jahrzehnte nicht nur auf dem Schnittpflanzenmarkt sehr beliebt, sondern auch in Gärten weit verbreitet war. Ihre kräftigen goldgelben Blüten, deren Farbe zur Mitte hin noch etwas intensiver wird, ergänzen sich sehr schön mit dem glänzenden, leuchtend grünen Laub. ('Connecticut Lass' x 'Keystone').

Bei der Züchtung der Asiatischen Hybriden wird die Sache kompliziert, weil mehr verschiedene Lilien daran beteiligt sind. Man nimmt an, dass japanische Lilienfreunde schon einige Jahrhunderte lang natürliche Hybriden sammelten, bevor die ersten Europäer ins Land gelassen wurden. Die geringen Abstände zwischen den einzelnen Lilien im Garten dürften zur weiteren Hybridisierung beigetragen haben, die eine Reihe von Lilien mit roten und orangeroten Blüten hervorbrachte. Wie weit dies Zufall oder bewusste Manipulation war, ist heute nicht mehr zu klären.

Der schwedische Botaniker Thunberg war einer der ersten Fremden, die das abgeschottete Japan besuchen durften. Er brachte eine Serie von Lilien nach Europa mit, wo sie unter den Namen *L.* x *thunbergianum* oder *L.* x *elegans* bekannt wurden. Der Name *L.* x *maculatum* wurde offiziell erstmals im Jahr 1794 für diese kurzstämmigen, nach oben zeigenden Pflanzen benutzt, die man ursprünglich für das Resultat von *L. dauricum* x *L. concolor* hielt. Als Pollen spendender Elternteil sind natürliche Hybriden oder auch die Spezies *L. maculatum* weitaus wahrscheinlicher. Diese Pflanzen wurden mit der europäischen Feuerlilie *L. bulbiferum* gekreuzt, und heraus kam ein verbesserter Strain, der seit 1879 unter der Bezeichnung *L.* x *hollandicum* verkauft wurde. (*L.* x *umbellatum* war als Synonym noch vor zehn Jahren im Gebrauch).

Ursprünglich stammte der Schmelztiegel Asiatischer Hybriden von Arten wie der Tigerlilie (*L. lancifolium*), *L. davidii*, *L. leichtlinii*, *L. amabile*, *L. maculatum*, *L. dauricum* und *L. bulbiferum* ab sowie von frühen Hybridserien wie *L.* x *maculatum*, *L.* x *hollandicum* und *L.* x *umbellatum*. Andere Arten trugen später zur weiteren Diversifizierung bei. *L. concolor* und *L. pumilum* hatten ihren Anteil bei der Züchtung zierlicherer Lilienarten mit kleineren Blüten wie etwa 'Viva'. Wichtiger aber war die Nutzung des Potenzials von *L. cernuum*, der wir weitgehend den pinkfarbenen Grundton der asiatischen Sorten verdanken. Während die Spezies selbst als Kulturpflanze oft nicht lange durchhält, gelten ihre Hybriden als ausgesprochen zuverlässig.

'Crovidii' stammt aus der Kreuzung *L. bulbiferum* var. ***cro**ceum* x *L. dav**idii*** var. *willmottiae* in den 20er-Jahren des 20. Jahrhunderts durch J. E. H. Stooke im englischen Herefordshire (der Fettdruck erklärt die Herkunft des Namens). Die Pflanze hatte eine nach oben zeigende, orangerote Blüte. Dann wurde die rote, stark getüpfelte 'Willcrovidii' aus *L. davidii* var. ***will**mottiae* x ***'Crovidii'*** gezüchtet und 1932 mit einem »Award of Merit« ausgezeichnet. Diese Pflanzen waren auch an der Sorte 'Fire King' vom selben Züchter beteiligt – eine Lilie mit nach außen zeigenden Blüten, die noch heute in Katalogen zu finden ist und nach wie vor guten Gewissens empfohlen werden kann.

'Enchantment' (1947), die Pionierin unter den modernen Lilien, hat auch nach einem halben Jahrhundert nichts von ihrer Faszination eingebüßt. Die dichten, nach oben zeigenden Blütenstände in leuchtendem Orange wirken, als würden sie fluoreszieren. Der Erfolg dieser Lilie hatte entscheidenden Anteil an der rasanten Entwicklung des Schnittblumenmarkts.

Um etwa dieselbe Zeit brachte 1929 Miss Isabella Preston in Ottawa eine Serie von Klonen heraus, die unter der Bezeichnung Stenographer-Gruppe bekannt wurden und auf die Kreuzung von *L. davidii* var. *willmottiae* mit Sämlingen von *L. dauricum* zurückgeht. Sie reichten von Gelb bis Orangerot und stellten wie 'Fire King' einen Fortschritt gegenüber früheren Hybriden dar. Aus dem Boyce Thompson Institute in New York kam ein Strain, der aus Formen von *L. lancifolium* (*tigrinum*) x *L.* x *hollandicum* gezüchtet wurde. Sie erhielten den merkwürdigen Namen Umbtig-Gruppe, und ihre Mitglieder besaßen Blüten in Gelb-, Orange- und Rottönen, die alle purpurn getüpfelt waren. Die Robustheit der Tigerlilie ging auch auf die Hybriden über, nicht jedoch ihr hängender Habitus.

In den 30er-Jahren des 20. Jahrhunderts züchtete Cecil Patterson an der University of Saskatchewan einen Strain von Hybriden mit dem Ziel, besonders robuste Lilien hervorzubringen. Seine erfolgreichsten Kreuzungen waren die zwischen *L. davidii* var. *willmottiae* und *L. cernuum*. Einer dieser Sämlinge mit der Nummer 37.538, der zwar keinen Samen ausbildete, dafür aber fruchtbaren Pollen hatte, wurde für mehrere Eltern eingesetzt. Ein Sämling mit blassen Blüten, *L. davidii* 'Oriel' x 37.538, brachte Lilien hervor, die eigene Namen erhielten, wie die orangefarbene 'Edith Cecilia', während eine aus der Stenographer-Gruppe, 'Grace Marshall' x 37.538, zu 'Lemon Queen' führte. Beide wurden später vom Team um de Graaff eingesetzt.

Jan de Graaff sammelte in seinen Zwiebelfarmen in Oregon in den 30er- und 40er-Jahren des 20. Jahrhunderts viele Hybriden und Arten. Unter Verwendung der besten wollte er große Mengen an Hybridsämlingen ziehen, um dann die besten davon zu selektieren, zu vermehren, zu benennen und weltweit zu vermarkten. Die erfolgreichste Kreuzung unter den Asiatischen Hybriden war die Verbindung der Umbtig-Gruppe mit dem zitronengelben 'Alice Wilson'-Klon, die aus Pflanzen von

'Fire King' ist eine früh blühende Lilie mit weit geöffneten Blüten in leuchtendem Orange und Stängeln, die 1,2 bis 1,5 m Höhe erreichen können. Die Sorte, die schon 1933 ihren Namen erhielt, ist noch immer in zahlreichen Katalogen und Gärten vertreten.

L. x *maculatum* selektiert und bereits 1877 mit einem »First Class Certificate« ausgezeichnet wurde. Später, in den 50er-Jahren des 20. Jahrhunderts, kam Jan de Graaffs Mid-Century-Gruppe auf den Markt, von der 'Enchantment' am erfolgreichsten war.

Die Lilien der Mid-Century-Gruppe wurden sowohl mit der Tigerlilie (*L. lancifolium*) als auch mit *L. amabile* gekreuzt, und aus letzterer Verbindung stammen die leuchtend gelben Lilien 'Destiny' und 'Prosperity', die sich in den Gärten über lange Zeit großer Beliebtheit erfreuten. *L. amabile* wurde auch mit den besseren Preston-Klonen gekreuzt, und aus diesen ging schließlich die Fiesta-Gruppe hervor. Die Farbpalette reichte von tiefem Kirschrot bis hin zu hellen Gelbtönen mit zahlreichen Pastellschattierungen. Die Pflanzen hatten kräftige, drahtige Stängel, die bis zu 25 hängende Blüten trugen. Die 1959 eingeführten Lilien der Burgundy-Gruppe waren weitere Selektionen aus der Fiesta-Gruppe mit kräftig wein- oder kirschroten, hängenden, fleischigen Blüten und zurückgebogenen Blütenblättern. Als die überragenden Selektionen erwiesen sich jedoch die gold- bis zitronengelben Selektionen der Citronella-Gruppe von 1958, die bis heute als Gartenlilien sehr beliebt sind.

Die Citronella-Lilien besitzen hängende, meist kräftig goldgelbe, leicht ins Zitronengelb spielende Blüten mit kleinen schwarzen Tupfern. Pflanzen mit etwas kleineren Blüten haben meist stark zurückgebogene Blütenblätter im Martagon-Stil, die aber größer sind als diese; 30 oder mehr Blüten sind an einem Stängel keine Seltenheit. Klone mit größeren Blüten tragen weniger Blüten. Sie werden 1,2–1,8 m hoch.

Die Sorten 'Edith Cecilia' und 'Lemon Queen' wurden von de Graaffs Team mit vielen der Mid-Century-Gruppe gekreuzt. Die nächste Generation aus den daraus resultierenden Sämlingen brachte die ersten aufrechten pink- und pastellfarbenen Asiatischen Hybriden. Eine der aufregendsten Kreuzungen überhaupt war 'Edith Cecilia' x 'Lemon Queen', da aus ihr eine Fülle wunderbarer Sämlinge in allen möglichen Farben hervorging, darunter vor allem viele Schattierungen von Gelb, Orange, Rot und Pink, Pastelltöne bis hin zu reinem Weiß sowie zweifarbige Exemplare. Als diese miteinander gekreuzt wurden, waren die Ergebnisse ähnlich überzeugend. Die beiden Generationen wurden zusammen als Harlequin-Gruppe (1950) bezeichnet. Einige nach außen zeigende, hängende Klone bekamen eigene Namen, wie etwa die pollenlose, pinkfarbene 'Corsage', die in dunklem Pink gehaltene 'Discovery' und die reinweiße 'Buccaneer'.

Während gelbe Lilien wie 'Destiny' und 'Prosperity' dunkle Flecken aufwiesen, schufen die Züchter Stone und Payne in Amerika ungefleckte gelbe Lilien, die unter dem Namen Connecticut bekannt wurden. Ein Großteil ihrer genetischen Ausstattung stammte von der gelben *L. lancifolium* var. *flaviflorum*, ein Teil von der ungetüpfelten 'Gold Urn' aus der *L.-x-maculatum*-Selektion 'Helen Carroll' sowie von 'Grace Marshall', einem Klon aus der Stenographer-Gruppe. Ebenfalls beteiligt war die niederländische Selektion aus *L.* x *hollandicum* mit dem Namen 'Waarner's Spotless'.

Die North-Hybriden

Die von Dr. Chris North in den 60er- und 70er-Jahren des 20. Jahrhunderts in Schottland gezüchteten Hybriden sind schöne Lilien, deren Charme zu einem Teil auf ihren von *L. lankongense* ererbten anmutigen Habitus zurückgeht. Auch in der Vase bieten sie einen bezaubernden Anblick; als Schnittblumen jedoch sind sie ungeeignet. Die Farben reichen von hellen, cremigen Pastelltönen über helle Pinkschattierungen bis zu Orange und Rot. Alle sind reich getüpfelt.

'Eileen North' 1985 (rechts)
Das ist eine der Hybriden, die Dr. North unter Verwendung von *L. lankongense* in Embryo-Kultur gezüchtet hat, um die Keimung des Samens zu gewährleisten. All diese Hybriden sind hübsche Gartenpflanzen mit drahtigen Stängeln, schmalen Blättern und reichlich Raum zwischen den einzelnen hängenden Blüten. Viele sind wie 'Eileen North' in schönen Pastelltönen gehalten und attraktiv getüpfelt. 'Eileen North' wird 1 bis 1,2 m hoch. (*L. lankongense* x 'Edith King' x ('Cardinal' x (*L. lancifolium* var. *flaviflorum* x 'Enchantment')))

'Ariadne' 1976 (links)
Dr. Norths 'Ariadne' hat ihr Pink von *L. lankongense*, die in diesem Fall mit der orangeroten 'Maxwill' gekreuzt wurde, gezüchtet aus *L. leichtlinii* var. *maximowiczii* x *L. davidii* var. *willmottiae*. Die nickenden, zurückgebogenen Blüten sind in einem ins Rosa spielenden Pink gehalten und getüpfelt. Die bis zu 2 m hohen Stängel tragen zahlreiche Blüten.

»Tigerlilien«

Um den Kunden bei der Wahl der Sorten zu helfen, stellen in England die Verfasser von Katalogen oftmals verschiedene Lilien zu Gruppen zusammen. So werden beispielsweise alle, die eine deutliche Ähnlichkeit mit der Tigerlilie (*L. lancifolium*) aufweisen, als »Tigerlilien« gelistet. In gewisser Weise ist dies sogar nachvollziehbar, da viele den hängenden Wuchs, die getüpfelten Blüten und die schmalen Blätter der Art besitzen und meist auch stark zurückgeschlagene Blütenblätter. 'Yellow Tiger' beispielsweise hat halb hängende, stark getüpfelte Blüten in hellem Zitronengelb; die Stängel werden mit 80 cm eher höher als die der hier abgebildeten. Die Twinkle-Gruppe besitzt meist größere Blüten, die sich nach außen oder unten öffnen. 'Yellow Twinkle' sieht aus wie eine große Selektion der Citronella-Gruppe.

'Pink Panther' (links)
Diese Lilie hat dichte pyramidenförmige Blütenstände mit überwiegend nach außen gerichteten, aber auch leicht nach unten geneigten Blüten. Ihre Färbung ist ein Gemisch aus Lederfarben und dunklem Pink, zum Teil mit einem Hauch Orange überzogen. Die gesamte Blüte ist stark getüpfelt. Die Pflanze wird etwa 60 bis 75 cm hoch.

'White Tiger' 1970 (rechts)
Eine der gefälligsten Lilien mit luftigen Blütenständen hängender oder halb hängender elfenbeinfarbener Blüten, die zur Mitte hin einen leichten Grünton annehmen. Die hübsch verteilten Flecken in dunklem Kastanienbraun tragen ihren Teil zum attraktiven Gesamteindruck bei. Die Pflanze wird bis zu 1 m hoch.

'Flirt'

Eine reizende Lilie, die mit ihrem »coolen«, durch Schönheitsflecken und dunkle Striche kosmetisch geschickt akzentuierten Erscheinungsbild jeden Betrachter unweigerlich in ihren Bann zieht und ihrem Namen alle Ehre macht. 'Flirt' ist eine robuste Pflanze, die schnell an Größe zulegt und schon aus einer kleinen Zwiebel heraus blüht, wenn auch etwas später als die meisten Asiatischen Lilien. Ihr Stängel wird rund 45 cm hoch.

Asiatische Zwerglilien

Einige Lilien der Mid-Century-Gruppe waren nicht sehr hoch. 'Harmony' etwa gab sich oft mit 40 bis 50 cm zufrieden. Aber das waren keine wirklichen Zwerglilien. In den 80er-Jahren des letzten Jahrhunderts kam ein Strain echter Zwerglilien heraus. Es waren nur 25 bis 50 cm hohe Lilien mit aufrechten Blüten. Die früh blühende, rötlich pinkfarbene 'Denia' hat relativ große Blüten, wird aber nur 20 cm hoch. Zu den schönsten Zwerglilien gehören die des Pixie-Strains. Sie verdanken vieles 'Red Carpet' – einer robusten, aufrechten, 30 bis 40 cm hohen Lilie, die 1974 erstmals in den Katalogen auftauchte. Es entstanden viele erstklassige Zwergformen, die die Marktposition der Pixies festigten. Sie sind nach ihrer jeweiligen Farbe benannt.

'Peach Pixie' 1986 (oben)
Sämtliche Lilien des Pixie-Strains sind reizende kleinwüchsige Pflanzen, die schon früh ihre Blüten öffnen. Auch 'Peach Pixie' macht da keine Ausnahme; farblich fällt sie zwar etwas zurückhaltender aus als andere, aber ansonsten wirkt sie nicht weniger extrovertiert. (Pastel-Gruppe x ('Connecticut Lemonglow' x 'Red Carpet'))

'Golden Joy' (rechts)
Eine fröhlich wirkende, rund 40 cm hohe Lilie mit großen, leuchtenden Blüten und stark überlappenden Blütenblättern. Mit ihrem kräftigen Goldgelb und einer schnell wachsenden Zwiebel ist sie zweifellos eine der eindrucksvolleren Neuzüchtungen.

'Orange Pixie' 1980 (links)
Die erste Pixie von allen und nach wie vor eine der besten. Sie ist ein Napoleon im Taschenformat – ein ausgesprochen robuster Zwerg, der im Wettstreit der Blüten schon früh mitmischt und sowohl in Pflanzgefäßen als auch als Begrenzung im Vordergrund eines Beets keinerlei Probleme bereitet. Seine leuchtenden Blüten haben einen Salut verdient. Mit lediglich 25 bis 30 cm ist die Pflanze eine der kleineren Pixies, doch auch die anderen werden selten höher als 45 cm.
(('Harmony' x 'Sunspot') x 'Charisma')

Die Farbwahl bei Asiatischen Lilien

Bei der Pflanzenwahl ist der entscheidende Punkt meist die Farbe. Auch wenn alle gleich beliebt sind, können dem Einzelnen bestimmte Farben mehr gefallen oder besser in ein Pflanzschema passen.

Rot- und Orangetöne

Orange und Rot ziehen die Blicke auf sich, sind jedoch mit ein wenig Vorsicht zu genießen. Die Sorte 'Enchantment' war mit ihren aufrechten Blütenständen in fast fluoreszierendem Orange der Wegbereiter der modernen Lilien. 'Red Carpet' blüht früh in sattem Orange. Höher ist mit 75 cm 'Gran Paradiso' mit intensiv gefärbten Blüten und dezenter Tüpfelung. 'Masa' wird bis 1,5 m groß, blüht leuchtend orangerot und bildet am Stängel unzählige Brutzwiebeln aus.

'Victory Joy' (oben)
Es gibt zahlreiche kräftig gefärbte Asiatische Lilien, deren Farbpalette von Rot über sämtliche Orange-Nuancen bis zu Goldgelb und Gelb reicht. 'Victory Joy' blüht in einem intensiven Orangerot. Die robuste Pflanze ist mit nur 45 bis 60 cm Höhe von eher bescheidener Statur, bringt aber unzählige leuchtende, weit geöffnete Blüten hervor.

'Cawlen' (links)
Eine der leuchtend gefärbten Zweifarbigen mit nach außen blickenden orangefarbenen und goldgelben Blüten, die mit ihrer explosiven Farbmischung unweigerlich an ein Feuerwerk erinnert. Diese Lilie bringt Leben in jedes Beet und sollte von allzu leicht erregbaren Zeitgenossen besser gemieden werden. Sie erreicht eine Höhe von 1 bis 1,2 m.

'Festival' 1980

Diese große, elegante, aufrecht auf beinahe schwarzen Stängeln stehende Lilie zeichnet sich durch kräftige, schmale, dunkle Blätter sowie die großen Abstände zwischen den Blüten aus. Sie wirkt ausgesprochen festlich, aber keineswegs übertrieben, sondern ist durchaus geschmackvoll. Die mahagonifarbenen Knospen sind wie dunkle Versprechungen, und die geöffneten Blüten weisen in Linienführung und Form die ganze Anmut auf, die man von einer Lilie erwartet. Die warme Farbgebung der Blüten wird durch Schönheitsflecken ergänzt. Die Spitzen der Blütenblätter sind dunkelrot, während die mittleren, von roten Rändern begrenzten Abschnitte in einem goldgelben bis orangefarbenen Ton leuchten, der zur Mitte hin großzügig mit kastanienbraunen Tupfern durchsetzt ist. 'Festival' wird mindestens 1 m hoch und bildet von Natur aus reichlich dunkle Brutzwiebeln in den Blattachseln.

Orangetöne

Blüten in reinem Orange sind äußerst wirkungsvoll. Obwohl 'Orange Triumph' schon im Jahr 1939 auf den Markt kam, hat sich diese robuste, früh blühende Sorte bis heute gehalten. Der heute erhältliche 'Apeldoorn'-Klon entspricht mit seinen kräftig orangefarbenen Blüten nicht mehr dem 1965 registrierten Original. Seine einheitliche Färbung kommt in aufrechten Blütenständen mit großen Blüten schön zur Geltung. Daneben gibt es seit geraumer Zeit auch eine Reihe zweifarbiger Lilien in Orange und Goldgelb, wie etwa die im Jahr 1971 gezüchtete 'Jetfire'.

Unverwechselbar sind die 1980 eingeführten Sorten 'Cathedral Windows' und 'Festival' (Seite 87). Vor allem 'Cathedral Windows' fällt auf. Ihre Blütenblätter sind von den Spitzen her zu zwei Dritteln kräftig orange, das Zentrum der Blüte leuchtet wie ein Feuerwerk, jedes Blütenblatt ist von goldgelber Farbe durchzogen. Vom Zentrum gehen noch dunklere Linien aus, der Schlund ist kräftig orange. Die Farbe der Blütenmitte ähnelt der der Brushmark-Lilien (Seite 82).

'Orange Triumph' 1939 (unten)
Dieser »Golden Oldie« in Orange strahlt noch immer eine geradezu jugendliche Frische aus. Mit ihren fröhlichen, sehr frühen Blüten behauptet sich die Sorte locker gegen jüngere Konkurrenten. Oft blüht sie als erste aller Gartenhybriden, ohne dass der Gärtner allzu viel dafür tun müsste. Ihre breiten, schalenförmigen Blüten kommen unter allen Hybriden der europäischen Feuerlilie (*L. bulbiferum*) und ihrer Varietät *L. bulbiferum* var. *croceum* am nächsten. Die Form der Blüten entspricht so gar nicht der »moderner« Blüten mit ihren spitz zulaufenden, an der Basis stark überlappenden Blütenblättern, denn bei 'Orange Triumph' sind die Blütenblätter gerundet und – was ungewöhnlich ist – am Ansatz so schmal, dass zwischen Blütenblättern und Blütenmitte Luft bleibt. Die robuste Pflanze mit ihren glänzenden, breiten, hübschen Blättern und zahlreichen Blüten wird etwa 45 bis 60 cm hoch und breitet sich immer mehr aus.
(*L. bulbiferum* var. *croceum* x *L.* x *hollandicum*)

'Castello' 1993 (oben)
Diese vergleichsweise junge Sorte hat sich auf dem dicht besetzten Feld orangefarbener Lilien einen festen Platz erobert. Dies geht auch auf ihre Herkunft zurück, da die Lilie als tetraploide Pflanze einen Teil ihrer überschwänglichen Lebenskraft aus ihrem doppelten Chromosomensatz bezieht. Ihre großzügig bestückten, breiten Blütenstände keck wirkender Blüten sind leuchtend orangerot. Kräftige Stängel von 1 bis 1,2 m Höhe und das hellgrüne Blattwerk vervollständigen das Bild.
('Napoli' x 'Gran Paradiso')

'Jetfire' 1980 (links)
Eine weitere Lilie mit aufrechten Blüten in einer Mischung aus Goldgelb und Orange, die sich wie eine breite, farbige Kuppel über dem glänzenden Laub erheben. Mit ihrer Höhe von rund 1 m kann sie im frühsommerlichen Beet farbliche Akzente setzen, oder in Kübeln gezogen auf der Terrasse – oder wo auch immer – mit ihren leuchtenden Farben die Stimmung heben.
(*L.* x *hollandicum* x 'Connecticut King')

'Grand Cru' 1991 (oben)
Diese robuste Pflanze wurde erstmals im Jahr 1988 registriert. Die auffällige, geradezu dramatisch wirkende Lilie hat Blüten in der Form tiefer goldgelber Schalen, die zur Mitte hin auf fast schon übertriebene Weise mahagonirot übermalt sind. Ihr starker Farbkontrast zieht die Blicke auf sich. Die Lilie wird ganze 40 cm hoch. Sie ist zwar weithin beliebt, aber für meinen Geschmack eine Spur zu aufdringlich. (aus zwei Sämlingen)

'Tweedledee' 1978 (rechts)
Diese Pflanze wurde in der gartenbaulichen Versuchsanstalt von Rosewarne in Cornwall gezüchtet. Sie ist eine Selektion aus der Pisky-Gruppe, bei der das Orange im Zentrum mit Goldgelb überzogen ist und die sehr lebhaft getüpfelt ist. Die Lilie wird rund 40 cm hoch. (kleinwüchsiger *L.-lancifolium*-Hybride x unbekannt)

Gelbtöne

Mittlerweile sind zahlreiche kräftig gelbe Schnittblumen wie 'Sunray' oder 'Connecticut King' auf dem Markt, die sich auch im Garten gut machen, weil sie mit ihren kräftigen Stängeln und dem hell schimmernden Laub ausgesprochen gesund wirken. Zahlreiche gelbe Lilien tendieren zur Zweifarbigkeit, darunter die zur Mitte hin dunkler werdende 'Luxor', während andere ganz unübersehbar zweifarbig sind. 'Yellow Grace' hat spitzere Blütenblätter und leuchtend gelbe Blüten mit sehr auffälligen Pinselstrichen in extrem dunklem, fast schon schwarzem Kastanienbraun, die sie zu einem echten Blickfang werden lassen. 'Fata Morgana' ist eine beliebte gelbe Lilie, was wohl auch daran liegen mag, dass sie halb gefüllt und zudem sehr robust ist.

'Centro'
Eine ausgesprochen robuste, einheitlich goldgelbe, aufrechte Lilie mit reichlich breiten, glänzenden Blättern. Erhältlich ist auch eine ganze Reihe ähnlicher Sorten, von denen einige im Zentrum dunkler und andere getüpfelt sind. Die Züchter neigen dazu, Sämlinge mit breiten Blütenblättern, ins Auge fallender Haltung und ausdauernden Blüten zu selektieren. Diese Lilie erreicht eine Höhe von rund 90 cm.

Gelb bis Creme

Der Bereich zwischen Gelb und Weiß wird von cremefarbenen Sorten wie der großen 'Roma' und der kleineren 'Medaillon' besetzt, deren hell cremegelbe Blütenblätter einen Fleck in blassem Orange aufweisen. Der Ton von 'Doeskin' liegt zwischen Pfirsich und Champagner, vor dem sich die orangefarbenen Staubgefäße gut absetzen. Jeder, der es einmal mit ihr versucht hat, ist von ihr begeistert.

Yellow-Blaze-Gruppe 1965 (oben) Eine herrliche Reihe einander sehr ähnlicher hellgelber, stark getüpfelter Blüten mit so schmalen Blütenblättern, dass man durch die Blütenmitte hindurchsehen kann – ein immer seltener werdendes Merkmal unter modernen Hybriden, deren Blütenblätter immer breiter werden. Alle Sorten weisen eine auffällige Tüpfelung auf. Die Blüten öffnen sich gegen Ende der asiatischen Saison. Die Pflanzen zeichnen sich durch äußerste Robustheit aus und erreichen eine Höhe von 1,2 bis 1,5 m. ('Nutmegger' x *L. wilsonii* var. *flavum*)

'Hannah North' 1985 (rechts) Einer der vielen Sämlinge der North-Familie, in diesem Fall mit den charakteristischen offenen, hängenden Blüten über drahtigen Stängeln. Die Pastellschattierungen sind bei vielen dieser Sämlinge anzutreffen. Höhe 90 cm. ((*L. lankongense* x 'Maxwill') x 'Enchantment')

'King Pete' 1977 (links) Eine wahrhaft königliche Lilie mit ihrer hochherrschaftlichen, nach außen gerichteten Pose, ihren kräftigen Stängeln und opulenten goldgelben Blüten. Die breiten, dezent getüpfelten Blütenblätter nehmen zur Mitte hin eine kräftigere Färbung an. Die Pflanze wird 60 bis 75 cm hoch. Möge ihr ein langes Leben beschieden sein, denn solche nach außen zeigenden Sorten sind recht selten. (Panamint-Gruppe x 'Connecticut King')

Weiß und Creme

Obwohl weiße Lilien meist eine friedvolle Stimmung erzeugen, gibt es auch einige, die sehr viel mehr Leben in den Garten bringen, wie etwa 'Brushstroke' (siehe Seite 82). Die rein weiße 'Bel Air' ist zur Mitte hin mit einem komplizierten Muster dunkler Tupfer zwischen Purpur und Mahagoni verziert. Mit dem Namen 'Apollo' wurde ursprünglich eine Verwandte von L. x *testaceum* aus dem Jahr 1947 bezeichnet, heute gehört er einer rein weißen, aufrechten Asiatischen Hybride mit breiten Blütenblättern und gefälligen Blütenständen auf kräftigen Stängeln. 'Mont Blanc' (1978) entstammt einer Kreuzung der Yellow-Blaze-Gruppe mit einem Sämling. Sie hat feste, weiße, leicht getüpfelte Blüten mit breiten Blütenblättern und ins Pink spielende Knospen.

'Snow Star' 1985
Diese Lilie, einer der besten Sämlinge aus 'Sterling Star', trägt reichlich Blüten und fügt sich in jede Umgebung ein. Die an sich rein weißen Blüten spielen in manchen Sommern oder in manchen Teilen der Welt gelegentlich ein wenig ins Cremefarbene. Die nur leicht getüpfelte Lilie wird rund 45 cm hoch.
('Sterling Star' x asiatischer Sämling)

'Reinesse' 1989 (oben)
Diese sehr beeindruckende Zwerglilie hat schönes, kräftig grünes Laub und Blütenstände mit weiten, sternförmigen, weißen, aufrechten Blüten. Besonders gut macht sich die selten höher als 45 cm werdende Lilie im vorderen Bereich von Beeten oder auch in Pflanzgefäßen. ('Mont Blanc' x namenloser Sämling)

'Sterling Star' 1973 (links)
Jahrzehntelang war diese Lilie eine der meistverkauften Schnittblumen. Sie wird 1 bis 1,2 m hoch, und ihre sternförmigen Blüten mit spitz zulaufenden, cremeweißen Blütenblättern sind zur Mitte hin dunkel getüpfelt. Im Beet wirkt sie ebenso elegant wie im Kübel – obwohl sie höher wird als die meisten Lilien. Doch es wäre ein Fehler, deshalb auf sie zu verzichten; gerade diese Sorte mit den drahtigen Stängeln kann große Wirkung erzielen. (('Lemon Queen' x 'Mega') x 'Edith Cecilia' x 'Croesus')

Pastelltöne

Blüten in Pastellfarben sind schwer zu beschreiben, aber dafür umso ansprechender. Besonders üppig ist 'Peacock Creation' mit ihren sternförmigen Blüten in einem hellen Pfirsichton, die mit zunehmendem Alter noch blasser werden. 'Dreamtime' bildet mit ihren nach außen zeigenden, weit geöffneten Blüten schöne pfirsich- bis apricotfarbene Blütenpyramiden und ähnelt der Sorte 'Doeskin', die aber eher in einem ins Braungelb spielenden Champagnerfarbton blüht und von braunroten Staubgefäßen geschmückt wird. 'Menton' ist eine weitere Lilie mit seitlichen, weit offenen, cremig pfirsichfarbenen Blüten und wenigen kastanienbraunen Flecken in Richtung der Basis.

Tiger-Babies-Gruppe 1979
Die nickenden, zurückgebogenen, stark getüpfelten Blüten in Pfirsich- und Pinkschattierungen bilden pyramidenförmige Blütenstände von 1 bis 1,5 m Höhe. Hier ist ein Beispiel der Gruppe abgebildet, die ähnlich gefärbte Sämlinge in pastellartigen Pinktönen umfasst, alle von zahlreichen Tüpfeln belebt. Sie verströmen einen dezenten Duft, was für Asiatische Lilien recht ungewöhnlich ist.
('Pink Tiger' x verschiedene Asiatische Lilien. 'Pink Tiger' wurde gezüchtet aus einer *L.-lancifolium*-Hybride x 'Discovery')

'Eros' 1976 (links)
Während viele Asiatische Lilien einen komplizierten Stammbaum haben und mehrere Generationen entfernt sind von den ursprünglichen Arten mit klar definierten Merkmalen, gibt es einige wie 'Eros', die viel vom Charakter der Spezies bewahrt haben, auf die sie zurückgehen. 'Eros' ist reich blühend und hat hängende Blüten.
((*L. lankongense* x *L. davidii*) x Hybride mit Einfluss von 'Redbird', Citronella-Gruppe, 'Destiny' und *L. lancifolium* var. *flaviflorum*)

'Corrida' 1998 (oben)
Vor allem ihre Mischung aus Blassgelb- und Pinkschattierungen macht diese Lilie so attraktiv. Ich finde sie sogar noch schöner als zahlreiche andere Blumen dieser Farbkombination. Bei dieser Pflanze sollte man auf die richtige Düngung achten; ratsam ist beispielsweise ein zusätzlicher Schuss Kalium zur Kräftigung der ansonsten oft etwas weichen Stängel. Die Lilie wird rund 75 cm hoch.
(aus zwei Sämlingen)

'Silly Girl' 1985 (links)
Eine beliebte zweifarbige Lilie in kräftigem Pink und Blassgelb mit ansprechender Tüpfelung. Besonders lebendig und frisch wirken die Farben kurz nach dem Öffnen der Blüte, aber auch später, wenn sie ein wenig verblasst, büßt sie nur wenig von ihrer Attraktivität ein. Sie hat dunkle Knospen und Stängel sowie ansprechendes Laub und wird rund 75 cm hoch.
(aufrechter purpurroter asiatischer Sämling x 'Prince Charming')

Pinktöne

Die Einführung von *L. cernuum* in die Züchtung bereicherte das Farbspektrum der Lilien mit Pink. Die 1979 vorgestellte 'Rosita' ist pinkfarben mit dunklen Flecken, gezüchtet aus einer Asiatischen Hybride, die mit dieser Art gekreuzt wurde. 'Vogue' und 'Vivaldi' sind ähnlich, aber ein wenig robuster. Bei anderen ist Pink mit Weiß kombiniert. Die im Jahr 1974 eingeführte 'Zephyr' mit ihren spitzen, kräftig gefärbter Blütenblättern ist heute noch sehr schön. Zur Blütenmitte hin ist sie mit einigen dunklen Flecken gesprenkelt.

Mittlerweile gibt es ein ganzes Spektrum von Pinktönen. Einige, wie 'Chianti', treten in zartem Babyrosa ohne Tüpfelung auf, andere wie 'Pink Speckles' haben jede Menge solcher Flecken. 'Tinkerbell' und 'Elf' sind Sämlinge von *L. cernuum*, wobei Erstere mit 1,2 m Höhe größer ist und weitgehend die Eigenschaften der Art aufweist, aber weitaus robuster ist.

'Sorbet' 1988 (links)
Eine lebhafte, mit Tüpfeln verzierte Blume in subtil angeordneten Pink- und Weißtönen. In meinem Garten wächst sie unter einem Holzapfelbaum mit rötlichen Blättern – eine sehr gefällige Farbkombination. Die robuste Pflanze wird 60 cm groß.
('Concorde' x rosa-pinkfarbener Sämling)

'Lollipop' 1992 (oben)
Eine verblüffende Farbkombinaton mit weit geöffneten weißen Blüten, die Spitze eines jeden Blütenblatts ist in kräftiges Pink getaucht. Die Blüten stehen aufrecht, ihre beeindruckende Wirkung wird durch das rötliche Pink verstärkt, das an die Farbe von Himbeeren erinnert. Die Pflanze wird 60 cm hoch.

Die LA-Revolution

L. longiflorum: Diese an sich etwas heikle Spezies hat in Verbindung mit Lilien asiatischer Abstammung zur Entstehung eines weiten Spektrums absolut winterfester und äußerst robuster LA-Hybriden beigetragen.

Nein, hierbei handelt es sich keineswegs um einen Aufstand in Los Angeles. LA ist vielmehr die Abkürzung für eine bahnbrechende Reihe von Hybriden, die auf die Kreuzung der weißen, trichterförmigen *L. longiflorum* (L) mit Asiatischen Hybriden (A) zurückgehen. Normalerweise würde eine Kreuzung derart unterschiedlicher Pflanzen nicht zur Entstehung von Nachkommen führen, hätte man nicht verschiedene Tricks entdeckt, die diese Züchtungen ermöglichten.

Die Verbindung zwischen *L. longiflorum* und Asiatischen Hybriden barg ein großes Potenzial in sich. Besondere Stärken der Asiatischen Lilien sind ihre Robustheit und ihr Farbspektrum, während *L. longiflorum* ihre Größe und ihr dynamisches Wachstum in die Partnerschaft einbringt. Letztere ist von der Aussaat bis zur Blüte eine der am schnellsten ausreifenden Pflanzen überhaupt, die sich sehr gut im Treibhaus kultivieren lässt. Die Verbindung zwischen beiden Partnern erwies sich als äußerst effektiv. Jede Angst, die neu entstandenen Pflanzen könnten aufgrund des Erbguts von *L. longiflorum* allzu zart besaitet sein, erwies sich als unbegründet, denn letztlich setzte sich die asiatische Robustheit durch. Die Farbpalette der Hybriden reicht von Weiß und Creme über kräftiges Goldgelb bis hin zu Orange-, Rot- und Pinktönen und sehr dunklem Kastanienbraun. Bislang waren die LA-Hybriden immer nur leicht getüpfelt. Die Blütenform entspricht meist einer flachen Schale mit breiten Blütenblättern, und die meisten Blüten stehen aufrecht oder sind leicht geneigt.

Die Zwiebeln wachsen geradezu phänomenal schnell. Unter meinen ersten LA-Sämlingen war auch eine orangerot blühende Pflanze, der ich den Namen 'Fiery Fred' gab. Die einzelne Zwiebel blühte beim ersten Mal mit einem einzigen kräftigen Blütenstängel. Als sie im Herbst herausgenommen wurde, fanden sich 13 Zwiebeln, die alle ohne Ausnahme im folgenden Jahr selbst Blüten ansetzten. Die durchschnittliche Zahl von Blüten pro Stängel liegt bei 15. Die LA-Hybriden haben den Schnittblumenmarkt im Sturm erobert und könnten das auch in unseren Gärten schaffen.

LILIUM-LONGIFLORUM-HYBRIDEN

Aus der in jüngster Vergangenheit erfolgten Kreuzung von *L. longiflorum* mit ähnlichen Arten mit trompetenförmigen Blüten sind eine Reihe »verbesserter« Sorten hervorgegangen. Die aus Sämlingen von *L. longiflorum* stammende 'White Elegance' hat lange Trompetenblüten, ihr reines Weiß spielt zur Basis hin leicht ins Grünliche oder Blassgelbe. Mittlerweile gibt es eine Reihe von *L.-longiflorum*-Hybriden, die zwar trompetenförmige Blüten aufweisen, aber farbig sind. 'Casa Rosa' blüht im Hochsommer und wird 1,2 bis 1,5 m hoch mit trompetenförmigen Blüten in kräftigem Pink, die einigen Lilien aus der Pink-Perfection-Gruppe ähneln. Jünger ist 'Elegant Lady' mit den typischen Blüten von *L. longiflorum*, die aber zur Mitte hin in gefälligem dunklem Pink gefärbt sind und eine grünliche Basis haben. Beide Pflanzen haben den Charakter und die Blütenhaltung von *L. longiflorum*.

'Fiery Fred' (2003) ist eine kräftige Lilie, die nicht mit Blüten geizt; in der Regel trägt sie auf kräftigen Stängeln ein gutes Dutzend, aber es können durchaus auch über 30 werden. Darüber hinaus zeichnet sie sich durch attraktives Laub und schnell wachsende Zwiebeln aus. Im Hochsommer entfaltet sie im Garten ihre ganze Pracht. Im Topf wird sie bis zu 1,8 m hoch und damit 45 cm höher als im Beet. Ihre Blüten öffnen sich früh und halten mehrere Wochen.
(*L. longiflorum* x asiatischer Sämling)

'Moonshine' (oben)
Eine gefällige LA-Hybride mit glatten, weit geöffneten, schalenförmigen Blüten, die zunächst cremefarben sind, schon nach wenigen Tagen aber zu Weiß verblassen. Die robuste, schmucke Pflanze mit schönem, glänzendem Laub wird 90 cm hoch. (*L. longiflorum* x asiatischer Sämling)

'Amber Light' 2003 (rechts)
Eine der besten LA-Hybriden in dieser lachsorangefarbenen Tönung mit breiten Blütenblättern und großen Blüten, die sich relativ früh öffnen. Die dunklere Färbung in der Blütenmitte bringt sie zum Leuchten. Sehr kräftige Stängel, etwa 90 cm hoch. (*L. longiflorum* x asiatischer Sämling)

'Rose Madder' 2003
Der Name deutet schon auf die satte Färbung dieser kräftigen Sorte hin, die früher blüht als die meisten LA-Hybriden. Mit rund 75 bis 90 cm wird sie nicht sonderlich groß, wächst dafür aber rasch.
(*L. longiflorum* x asiatischer Sämling)

'Rodeo'
Eine der ersten LA-Hybriden auf dem Markt und bis heute eine der kleinsten. Doch der Mangel an Größe hindert diese Lilie nicht daran, üppig zu blühen. Sie bildet dichte, rötlich pinkfarbene Blüten, die ganz leicht ins Blasslila spielen und zur Mitte hin mit kleinen orangefarbenen Tüpfeln verziert sind. Manchen mag es scheinen, als kämpften die einzelnen Blüten miteinander um einen Platz an der Sonne, aber im vorderen Bereich eines Beets erzielt eine solche Gruppe eine sehr schöne Wirkung. Höhe 45 bis 60 cm.
(*L. longiflorum* x asiatischer Sämling)

'Showbiz'

Die Farbe ähnelt der von 'Rodeo', aber diese Sorte öffnet ihre Blüten meist etwas später, und die Pflanzen können zweimal so hoch werden, wobei die einzelnen Blüten in größeren Abständen zueinander stehen. Die in einem zarten ins Rosa spielenden Pinkton gehaltenen Blüten werden zur Mitte hin weiß und haben eine ausgeprägtere Trichterform als die meisten Blüten von LA-Hybriden. Höhe 90 cm bis 1,2 m.

(*L. longiflorum* x asiatischer Sämling)

'Royal Parade'

Eine der zahlreichen LA-Hybriden mit dem Präfix 'Royal'. Eine robuste Pflanze mit kräftigen Stängeln und glänzendem dunklem Blattwerk, deren prächtige Blüten hübsch angeordnet sind und leuchtende, in dunklem Krapprosa gehaltene Schalen bilden, die ihre Farbe lange behalten. Höhe 90 cm.

(*L. longiflorum* x asiatischer Sämling)

'Creme de la Creme' 2003 (oben)
Einer meiner eigenen Sämlinge und eine reich blühende LA-Hybride, deren cremefarbene Blüten ein breites Dach über der Pflanze bilden. Die Farbe spielt anfangs leicht ins Braungelbe, und die wenigen Tüpfel verhindern, dass die Blüten allzu blass und leblos wirken. Die herrliche Pflanze wird 1 bis 1,2 m hoch.
(*L. longiflorum* x asiatischer Sämling)

'Aerobic' (rechts)
Eine der besten der LA-Hybriden in kühleren Farben, hier mit elfenbeinfarbenen Blüten, die im Lauf der Zeit zu fast reinem Weiß verblassen. Die flachen Blütenschalen werden durch die breiten, sehr glatten Blütenblätter hervorgehoben. Eine etwa 1,35 m hohe Pflanze mit hübschem Laub und kräftigen Stängeln, die im Hochsommer blüht.
(*L. longiflorum* x asiatischer Sämling)

'Bestseller'
Eine schnellwüchsige Pflanze mit kräftigen Stängeln und Blättern. Die einheitliche Färbung in hellem Lachsrosa hält sich bis zum Verwelken der Blüten.
Höhe 1 bis 1,1 m.
(L. longiflorum x asiatischer Sämling)

Hybriden von Trompetenlilien

Die Olympic-Gruppe (1946) besteht aus Hybriden von Trompetenlilien, die bei ihrer Einführung ein weites Farbspektrum von Weiß-, Creme-, Gelb- und Pinktönen umfasste. Nach einiger Zeit wurden nur noch die weißen unter diesem Namen vermarktet, während man die anderen aussonderte oder durch eigene Zuchtlinien ersetzte. Höhe 1 bis 1,8 m. (gezüchtet aus *L. sargentiae*, *L. leucanthum* var. *centifolium*, *L. brownii* und *L. sulphureum*)

Für viele Lilienfreunde sind die Trompetenlilien die Lilien schlechthin, weil sie Form, Erhabenheit und Duft in sich vereinen. Schon in den ersten Jahrzehnten des letzten Jahrhunderts gab es eine ganze Reihe hoch geschätzter Züchtungen. *L.* x *sulphurgale* beispielsweise war eine Reihe von Lilien, die aus *L. sulphureum* x *L. regale* gezüchtet worden waren und erstmals im Jahr 1916 Blüten trugen, die denen der Königslilie (*L. regale*) ähnelten, sich aber später öffneten. Auch *L.* x *imperiale* war eine jener frühen Züchtungen, entstanden aus der Kreuzung von Königslilie (*L. regale*) und *L. sargentiae*. Der 1920 vorgestellte Originalklon der Kreuzung ähnelte der Elternpflanze, wies aber breitere und stärker zurückgebogene Blütenblätter auf. Eine Selektion aus dieser von Miss Preston wiederholten Kreuzung, 'George C. Creelman' genannt, war über Jahrzehnte sehr beliebt; sie hatte Ähnlichkeit mit der Königslilie, aber eine noch dunklere Rückseite. Schon bald wurden Nachkommen und andere ähnliche Klone unter diesem Namen vermarktet. Aus diesen Hybriden sowie *L. sulphureum* züchtete Dr. Palmer Ende der 40er-Jahre des 20. Jahrhunderts die Sulphur-Gruppe.

Das Team um Jan de Graaff zog sehr große Mengen von *L. leucanthum* var. *centifolium* und traf unter den besten von ihnen eine Auslese. Man wollte so die Robustheit der Pflanze verbessern, die Pyramidenform des Blütenstands betonen und die Blüten mit den breitesten Blütenblättern und den dunkelsten Rückseiten selektieren. Anschließend kreuzte man die selektierten Pflanzen mit *L. sargentiae*, *L. sulphureum* und *L. brownii*. Aus den Sämlingen wurden verschiedene Farbmuster weiter selektiert und miteinander gekreuzt. 'Black Dragon' war ein kräftiger Klon, in dem

Die Pink-Perfection-Gruppe (1950) umfasste bei ihrer Einführung Pflanzen von rötlichem Pink bis hin zu dunkleren Schattierungen. Vor allem die Dunkleren kamen bei den Gärtnern sehr gut an, und so werden heute fast nur noch die dunklen Klone vermehrt und vermarktet. Seit nunmehr rund 50 Jahren gehören die Mitglieder der Pink-Perfection-Gruppe zu den meistverkauften Lilien überhaupt. Sie können sehr eindrucksvoll werden, denn ihre Blütenstände bestehen mitunter aus ein paar Dutzend großer Blüten. Ihre Höhe schwankt zwischen 1 und 2,1 m. (*L. leucanthum* x *L. sargentiae*)

'Royal Gold' (Form der *L. regale*, 1955) wird für gewöhnlich als 'goldene Königslilie' katalogisiert. Sie tauchte erstmals als *L. regale* in den 40er-Jahren des 20. Jahrhunderts in Amerika auf. Erst in jüngster Zeit wurde 'Royal Gold' mit Anführungszeichen versehen, wie dies bei einem einzelnen Klon üblich ist, obwohl die heute verkauften Zwiebeln eigentlich von zwei oder drei gleich aussehenden Klonen stammen. Manche sind dunkler als andere und haben deutlich kräftiger gefärbte Knospen. Die tatsächliche Abstammung von 'Royal Gold' ist nicht restlos geklärt. Möglicherweise sind einige Klone aus über Generationen reichenden züchterischen Bemühungen hervorgegangen, durchgeführt mit Pflanzen, die aus der Kreuzung der Königslilie (*L. regale*) mit *L. sulphureum* stammten. Die ersten Hybriden waren ausschließlich blassgelb, doch im Verlauf der weiteren Züchtung wurde das Gelb immer konzentrierter, bis die offenen Blüten schließlich kräftig goldgelb waren, sich aus dunklen Knospen entfalteten und eine dunkle Rückseite hatten.
Höhe 1,2 bis 1,5 m.

sich die Qualitäten von *L. brownii* widerspiegelten: große weiße Trompetenblüten und sehr dunkle, zwischen Purpurrot und Braun liegende Knospen. Jede Blüte des ersten Stängels von 'Black Dragon' wurde von einem anderen Elternteil mit Trompetenblüten bestäubt. So entstand eine schöne Reihe weißer Lilien, die nach Selektion die Grundlage der Black-Magic-Gruppe bildeten, welche aus der kontrollierten Kreuzung zweier eigenständiger Klone hervorging. Anschließend wurden einige Pflanzen vegetativ vermehrt und als 'Black Dragon' auf den Markt gebracht.

Ähnlich wurde ein Klon aus der Olympic-Gruppe selektiert, die Weiß-, Creme-, Gelb- und Pinktöne umfasste. Der selektierte Klon mit der Bezeichnung 'Green Dragon' war der beste weiße mit kräftig hellgrüner Rückseite.

Eine erstaunliche Entwicklung in der ursprünglichen Kreuzung trichterförmiger Arten durch Jan de Graaff und sein Team war das Auftauchen von Blüten, bei denen die Blütenblätter pinkfarben gerändert oder mit pinkfarbenen Adern durchzogen waren. Als man diese miteinander kreuzte, kamen dabei urplötzlich völlig pinkfarbene Blüten heraus, die einen heller, andere hingegen recht dunkel. Sämtliche Pinktöne wurden dann intensiv miteinander gekreuzt, was zur Entstehung der Pink-Perfection-Gruppe führte. Diese Lilien zählen noch immer zu den beliebtesten Gartenlilien. Heute werden sie von den dunkleren Klonen vertreten. Sie alle sind ausgesprochen wüchsig und können Blütenstände von bis zu 25 Blüten auf 1,8 bis 2,1 m hohen Stängeln bilden. Bei allen Pflanzen dieses Typs kann die Farbe von der Jahreszeit und vom Umfeld abhängen. Kühles Wetter und lichter Schatten fördern die kräftigste Färbung. Gelb getönte Sämlinge wurden ähnlich gezüchtet (siehe Seiten 110 bis 111).

Die Aurelianense-Hybriden

Neben der African-Queen-Gruppe (1958) erhielt auch ein einzelner Klon den Namen 'African Queen', und dies ist die Lilie, die normalerweise unter dieser Bezeichnung vermarktet wird. Sie hat orangefarbene Blüten, die sich aus Knospen in dunklem Mahagoni öffnen. Die drei äußeren Blütenblätter sind auf der Rückseite kräftig rotbraun, die drei inneren weisen auf der Rückseite eine dunkelbraune Linie auf. Neu gepflanzte Zwiebeln werden bis zu 1,2 m hoch; später erreichen sie sogar 2 m und tragen rund 20 große Blüten pro Stängel. (Selektionen aus Aurelianense-Hybriden – siehe unter Golden-Splendor-Gruppe)

Das Potenzial des Mandarin-Türkenbunds (*L. henryi*) für die Züchtung wurde schon vor einiger Zeit erkannt: die Wuchskraft der Zwiebeln, ihre Langlebigkeit, ihre absolute Unempfindlichkeit gegenüber Kalk, ihr kräftiges Laub und ihre schönen Blütenstände mit lang haltbaren Blüten. Der Mandarin-Türkenbund mag zwar nicht die spektakulärste Art sein, aber dafür hat er eine Reihe bodenständiger Tugenden und eine ansprechende Orangetönung, auch wenn diese verblassen kann.

Die erste offiziell beglaubigte erfolgreiche Kreuzung dieser Art mit einer Trompetenlilie fand im Jahr 1925 statt, als es M. E. Debras in Frankreich gelang, eine Pflanze aus einer Kreuzung großzuziehen, an der er sich etliche Jahre lang vergeblich versucht hatte: *L. sargentiae* x *L. henryi*. Die neue Lilie wurde *L.* x *aurelianense* genannt. Durch Rückkreuzung mit beiden Elternteilen vollzog er die ersten Schritte zur Ausschöpfung des genetischen Potenzials. In Amerika gelang eine ähnliche Kreuzung, nämlich *L. sulphureum* x *L. henryi*. Das Mitte der 30er-Jahre entstandene Ergebnis war 'T. A. Havemeyer' – eine große, kräftige Pflanze mit weit geöffneten, zurückgebogenen Blüten in einem ins Braungelb spielenden Orangeton, aber mit grünem Schlund und cremegelben Spitzen der Blütenblätter.

Zum großen Durchbruch kam es im Jahr 1938, als das Team um de Graaff je 1000 Zwiebeln von *L. henryi* und *L. leucanthum* var. *centifolium* sowie eine große Zahl von *L. sulphureum* und *L. sargentiae* zusammen mit *L.* x *aurelianense* und 'T. A. Havemeyer' kultivierte. *L. henryi* und die Hybriden wurden mit den verschiedenen Trompetenlilien gekreuzt und die Trompetenlilien von den besten Formen von *L. henryi* bestäubt. Die daraus resultierenden Sämlinge sortierte man in verschiedene Typen, die unter dem Begriff Aurelianense-Hybriden bekannt wurden. Die wichtigsten waren die trompetenförmigen, die schalenförmigen sowie die sternförmigen 'Sunburst'-Typen. Noch nach über 60 Jahren ziehen wir Pflanzen dieser Hybriden.

Eine der ersten Gruppen trompetenförmiger Hybriden war die 1948 erstmals katalogisierte und noch immer recht bekannte Golden-Clarion-Gruppe, die in der Regel ihre Blüten auf bis zu 1,2 m hohen Stängeln bildet. Ihr Farbspektrum reicht von Zitronengelb bis hin zu kräftigem

'White Henryi' (1945) ist eine altbewährte Lilie, die der berühmte Lilienzüchter Leslie Woodriff vor über 50 Jahren selektierte. Die etwa 1,5 m hohe Pflanze trägt weiße Blüten mit satt orange gefärbtem Zentrum. Die weit geöffneten Blüten haben zurückgebogene Blütenblätter. (*L. henryi* x *L. leucanthum* var. *centifolium*)

Die Golden-Splendor-Gruppe (1957) umfasst eine Reihe trichterförmiger Lilien mit leuchtend goldgelben Blüten und Knospen, die meist dunkel kastanienbraun sind. Der burgunderrote Streifen auf der Außenseite der Blütenblätter ist bei einigen ausgeprägter als bei anderen. All diese Lilien waren Selektionen aus der Golden-Clarion-Gruppe. Ihre Blüten sind ein wenig offener und weiter als bei den meisten Trompetenlilien. (Selektionen aus der Golden-Clarion-Gruppe, die Selektionen von Aurelianense-Hybriden waren, gezüchtet aus *L. aurelianense* x *L. sargentiae* und *L. leucanthum*)

Goldgelb. Die Knospen sind satt kastanienbraun, manchmal schimmert etwas Goldgelb hindurch. 'Golden Sceptre' hat weit geöffnete, leuchtende Trompetenblüten in kräftigem Goldgelb mit bronzefarbener Rückseite und den klassischen Duft der Trompetenlilien.

Etliche Sämlinge mit besonders kräftig gefärbten Trompetenblüten wiesen einen Überzug oder eine Äderung in Orange auf. Die Kreuzung dieser Pflanzen führte zur Entstehung der African-Queen-Gruppe – wüchsige, 1,5 bis 2 m hohe Lilien mit eindrucksvollen Blütenständen großer, leuchtend apricot-orangefarbener Blüten, die sich aus dunkelbraunen Knospen entfalten.

Am anderen Ende des Spektrums der Gelbtöne stand eine Reihe eher kühl wirkender, zitronen- bis gelbgrüner Blüten, die im Jahr 1959 unter dem Begriff Golden-Dawn-Gruppe auf den Markt gelangte. Ähnlich, wenn nicht gar identisch war die Moonlight-Gruppe. Aus Ersterer wurde zur intensiven Vermehrung ein Klon selektiert, der als 'Limelight' berühmt wurde. Die seit 1958 bis heute auf dem Markt befindliche, 1 bis 1,5 m hohe Lilie hatte trichterförmige Blüten in kühlen Schattierungen von Hellgrün bis zu grünlichem Zitronengelb.

Die Aurelianense-Hybriden des Sunburst-Typs bilden recht flache Blüten aus, deren Blütenblattspitzen zum Teil zurückgebogen sind. Sie gelangten erstmals 1948 in den Handel und dann noch einmal im Jahr 1954. Sie ähneln im Habitus dem Mandarin-Türkenbund (*L. henryi*), sind aber heute nur noch in wenigen Formen erhältlich. Noch immer zu kaufen ist die 1959 eingeführte 'Bright Star' – ein Klon, der Stängel von 1 bis 1,5 m austreiben kann, die aber wie die der Spezies meist geneigt sind. Die Blüten sind milchig weiß mit honiggelbem bis orangefarbenem Zentrum und grünem Nektariumsstern.

Orientalische Hybriden

'Star Gazer' ist mit ihren aufrechten, intensiv duftenden und haltbaren Blüten wahrscheinlich die wichtigste und meistverkaufte Schnittblume aller Zeiten. Sie eignet sich nicht nur bestens als Kübelpflanze, sondern gedeiht in kalkfreien Böden auch im Garten.

Zu den orientalischen Arten zählen die Prachtlilie (*L. speciosum*), die Goldbandlilie (*L. auratum*), *L. japonicum*, *L. rubellum* und die Trompetenlilien *L. nobilissimum*, *L. brownii* und *L. alexandrae*. Die große Zahl Orientalischer Hybriden ist fast ausschließlich auf die Kreuzung der ersten beiden und die nachfolgende Kreuzung der Hybriden zurückzuführen. *L. japonicum* und *L. rubellum* waren in weit geringerem Maße daran beteiligt. Heute gibt es viele wunderbare Orientalische Hybriden. Die meisten von denen, die einen eigenen Namen erhielten, haben große Blüten. Ihr Farbspektrum reicht von reinstem Weiß über Pinkschattierungen bis hin zu dunklem Karmesinrot, häufig ergänzt durch Goldgelb- oder Gelbtöne zur Blütenmitte hin, oder in Form von Strahlen, die sich durch die Mitte der Blütenblätter ziehen. Diese zweite Farbe kann mit Pink oder Rot überzogen sein, teilweise verschmelzen oder vollständig unabhängig auftreten.

Die erste registrierte Kreuzung zwischen Prachtlilie (*L. speciosum*) und Goldbandlilie (*L. auratum*) wurde im Jahr 1869 von Francis Parkman in Boston durchgeführt. Das Resultat war eine Lilie namens 'Parkmanii' mit karmesinroten Blüten mit weißen Rändern und einem Durchmesser von 30 cm. Im Jahr 1938 züchtete Roy Wallace im australischen Victoria 'Jillian Wallace', eine Lilie in kräftigem Pink mit roten Tüpfeln und weißem Rand. Jan de Graaff brachte Pollen von dieser mit *L. auratum* 'Crimson Queen' zusammen und schuf damit 'Empress of India' (1953), eine karmesinrote Lilie im Stil der Goldbandlilie mit weißen Rändern. Derselbe Pollenspender wurde auf *L. auratum* 'Virginale' aufgebracht, und so entstand 'Empress of China', die große weiße Blüten mit roten Tüpfeln hatte. 'Empress of Japan' (1953) wiederum ist das Resultat von *L.* x *parkmanii* x 'Jillian Wallace'; sie war leuchtend weiß mit einem goldenen Band in der Mitte der Blütenblätter und hatte rote Flecken.

In den 60er-Jahren des 20. Jahrhunderts stellte das Team um de Graaff zahlreiche Orientalische Hybriden vor, die aus (*L. speciosum* x *L. auratum*) x *L. auratum* gezüchtet worden waren. Diese wurden in benannte Gruppen sortiert: Die Imperial-Crimson-Gruppe mit Blüten in kräftigem Karmesinrot, die meist schmale weiße Ränder besitzen, die Imperial-Gold-Gruppe in Weiß mit gelbem Streifen in der Mitte eines jeden Blütenblatts und zahlreichen kastanienbraunen Tüpfeln sowie die Imperial-Silver-Gruppe mit lebhaften weißen Blüten, in der Regel mit einigen winzigen roten Punkten gesprenkelt. Eine weitere Gruppe, die Imperial-Pink-Gruppe, ging auf eine etwas andere Abstammung zurück, nämlich auf (*L. auratum* x *L. speciosum*) x (*L. au-*

'Le Rêve' (1951) ist eine der bekanntesten und beliebtesten Sorten. Mitte der 90er-Jahre des 20. Jahrhunderts wurde 'Le Rêve' allein in Holland auf einer Fläche von 47 Hektar angebaut, was bereits zeigt, wie sehr sie geschätzt wird. Ihre vollen, freundlichen Pinktöne sind wohl der Hauptgrund für ihre Beliebtheit sowohl als Schnittblume als auch als Gartenpflanze. Die Sorte wurde auch mit Erfolg in der Zucht eingesetzt, obwohl ihre eigene Abstammung unbekannt ist. Sie erreicht eine Höhe von 75 bis 90 cm.

ratum x *L. japonicum*); die großen Pflanzen dieser Gruppe blühen rosa- bis pinkfarben. Die Blüten dieser Gruppen sind beträchtlich größer als die der Prachtlilie (*L. speciosum*) und mehr oder weniger flach ausgebreitet. Die eindrucksvollsten Klone der Imperial-Crimson-Gruppe weisen zahlreiche, in reichlich Abstand voneinander stehende Blüten mit einem Durchmesser von 18–20 cm auf, die auf 1,2–1,5 m hohen Stängeln nach außen zeigen und sich im Spätsommer entfalten. Lilien der Imperial-Gruppen sind gegenwärtig noch immer erhältlich.

Die bekannteste der flachblütigen Orientalischen Hybriden ist die 1975 eingeführte 'Star Gazer', deren Abstammung unbekannt ist. Mit ihren aufrechten Blüten hat sie sich womöglich zur meistverkauften Schnittblume entwickelt. Sie blüht sehr schön aus sehr kleinen Zwiebeln, die Stängel mit je vier oder fünf Blüten austreiben. Im Garten hingegen können die Zwiebeln größer werden und höhere Stängel von bis zu 1,2 m mit mehr Blüten entwickeln. Ihr dunkles Karmesinrot ist weiß umrändert. Jede einzelne Blüte weist den typisch orientalischen limonengrünen Nektariumsstern auf. Die robuste Lilie eignet sich auch gut für die Topfkultur.

Recht gewagt war es, eine andere schöne Lilie 'White Star Gazer' zu nennen, da dieser Name geradezu dazu auffordert, die Pflanze mit ihrem Namensvetter zu vergleichen. Einen solchen Vergleich braucht sie jedoch nicht zu scheuen, da auch sie aufrechte Blüten, kräftige, drahtige Stängel gleicher Höhe, schönes dunkles Laub und vor allem weit geöffnete, haltbare Blüten hat, die verblüffend schneeweiß und mit dunklen Staubgefäßen und grünen Nektarfurchen geschmückt sind. 'Casa Nova' ist ein Sämling von 'Casa Blanca' (siehe Seite 116) mit sehr großen, weit geöffneten Blüten, die vor allem durch ihre fadenartigen Papillen und ihren grünen Schlund ins Auge fallen. Sie hat aufrecht stehende Blüten auf 1,2 bis 1,5 m hohen Stängeln und duftet. Eine weitere eindrucksvolle weiße Orientalische Hybride ist 'Phoenix', deren nach außen zeigende Blüten in reinstem, glänzendem Schneeweiß strahlen.

Kalk hat für die Orientalischen Lilien fatale Folgen. Sie werden deshalb oft von Gärtnern in Töpfen gezogen, wo sie sich ganz wunderbar machen. Mir gefallen in Pflanzbehältern vor allem die hohen Sorten, aber es gibt auch Zwergformen, die bestens auf die Terrasse passen und zudem völlig unproblematisch sind. Das Trio 'Mr Ed', 'Mr Sam' und 'Mr Ruud' erreicht jeweils nur eine Höhe von rund 40 cm. Sie sind als Topfpflanzen seit einem oder zwei Jahrzehnten recht beliebt. Ihre relativ großen Blüten – drei oder vier pro Stängel – sind nach außen gerichtet. 'Mr Ed' ist fast vollständig rein weiß, hat aber winzige rote Tüpfel und rostbraune Staubgefäße. 'Mr Ruud' hat ähnlich breite Blütenblätter und eine flache, breite Schalenform, aber ihre Blütenblätter sind mit jeweils einem goldenen Strahl auffällig gezeichnet. 'Mr Sam' wiederum ist in einem kräftigen Ton zwischen Karmesinrot und Pink gehalten, der an den Rändern zu Weiß verblasst. Die Zwiebeln wachsen rasch und blühen für Orientalische Hybriden recht früh, nämlich von Früh- bis Hochsommer.

'Pink Ribbons' 1972
Diese prächtige Lilie im traditionellen orientalischen Stil blüht mit einer wahren Galaxie breiter Sterne in zahlreichen Pinkschattierungen und einer betörenden Duftwolke. Wie alle Orientalischen Lilien eignet sie sich hervorragend als Kübelpflanze. Ebenso wohl fühlt sie sich jedoch im Beet, wenn der Boden gut vorbereitet und frei von Kalk ist. Mit Leichtigkeit wird sie dann zum Hauptdarsteller an den Blickpunkten des Gartens, in denen ein spektakulärer Anblick erwünscht ist. Im natürlicheren Umfeld eines Wildgartens könnte sie dagegen ein wenig deplatziert oder gar surrealistisch wirken. Sie blüht im Hochsommer und wird im ersten Jahr rund 75 cm hoch, im Jahr darauf vielleicht eher noch etwas höher. Die Blüten erreichen einen Durchmesser von bis zu 15 cm.

'Spellbound'

Diese bezaubernde neue Orientalische Hybride überzeugt durch die große Zahl ihrer keck nach oben und nach außen zeigenden Blüten, ihre kräftigen Stängel und vor allen Dingen durch ihre Farbenpracht. Die sanfte Abstufung der Pinktöne, das hellere goldgelbe Zentrum und die dunkle Tüpfelung bilden eine Farbkombination, die eher im Stillen bezaubert als nach Aufmerksamkeit schreit. Sie wird 75–90 cm groß, blüht im Hochsommer und verströmt einen exotischen Duft.

'Mona Lisa'

Eine beliebte, in den Niederlanden gezüchtete Lilie, die etwa 50 cm hoch wird. Ihre großen, nach oben oder nach außen zeigenden Blüten leuchten in sattem Pink. Die Blüten sind flach und schalenförmig, ihr dunkleres Pink im Zentrum geht allmählich in einen rosigeren Pinkton und schließlich in weiße Ränder über. Die Blüten sind reich mit dunkelroten Tüpfeln versehen. Die weißen Ränder, der grünliche Schlund und der Duft runden das Gesamtbild ab. Die Lilie wird wegen ihrer Kleinwüchsigkeit, ihrer Robustheit, ihres schmucken Laubs und ihrer vielen großen Blüten häufig als Topfpflanze gezogen. Sie blüht meist etwas früher als die meisten Orientalischen Lilien.

'Siberia'
Viele professionelle Züchter halten diese Lilie für die beste aufrechte weiße Orientalische Hybride, die derzeit im Handel erhältlich ist, obwohl die unteren Blüten des üppigen Blütenstands dazu tendieren, mehr nach außen zu zeigen. Die in lebhaftem Weiß leuchtenden Blüten haben ein grünes Zentrum und Staubgefäße in kräftigem Rostbraun. Die Spitzen der breiten Blütenblätter sind leicht zurückgebogen, die Ränder schwach gewellt. Die Pflanze wird rund 90 cm hoch.

'Casa Blanca'
Eine äußerst erfolgreiche Züchtung der neuseeländischen Firma Lilies International. 'Casa Blanca' ist eine außergewöhnliche rein weiße Lilie mit schweren, nach außen stehenden Blüten von mindestens 15 bis 20 cm Durchmesser. Mit ihren kräftigen Stängeln wird sie im Garten rund 90 cm hoch, unter Glas noch höher. Sie blüht später als einige andere Orientalische Hybriden. Die dunklen Staubgefäße und der grünliche Einschlag zum Schlund hin machen die Blüten noch attraktiver. Die offiziell als »flach« eingestuften Blüten bilden in Wahrheit eher niedrige Schalen mit zurückgebogenen Blütenblättern. Obwohl die Pflanze weniger gut als Schnittblume zu vermarkten ist als die aufrechten weißen Lilien, ist sie wegen ihrer eindrucksvollen Erscheinung für ganz spezielle Arrangements häufig erste Wahl.

'Arena'
Diese Lilie besticht durch auffällige, nach außen blickende Blüten mit weit ausgebreiteten, meist weißen Blütenblättern mit goldgelber Färbung in der Mitte, die bis hinunter in den Schlund reicht und die Pflanze näher an die normale Goldbandlilie rückt als viele andere Hybriden. Das Weiß geht zu den Spitzen der Blütenblätter hin in einen Ton zwischen Karmesinrot und Pink über. Diese kräftigere Färbung wiederholt sich in den Papillen seitlich der goldgelben Nektarstreifen. Weil sie so robust und nicht zu hoch ist, stellt diese Lilie mit ihren großen, weit nach außen geöffneten Blüten eine hervorragende Topfpflanze dar. Sie ist sehr langlebig und winterfest und nimmt beständig an Umfang zu. 'Arena' wird rund 45 cm hoch.

'Star Drift' (oben)
Die weit geöffneten, zwischen Karmesinrot und Pink liegenden Blüten dieser Lilie weisen dunklere Strahlen in der Mitte der Blütenblätter sowie leicht dunkelrot eingefärbte Papillen auf. Die Ränder sind klar abgegrenzte weiße Streifen, die die Form der Blüten zusätzlich betonen. Das Nektarium bildet einen hellgrünen Stern in der nach oben und leicht nach außen gerichteten Blüte.

'Color Parade' (rechts)
Trotz des anscheinend nirgendwo amtlich registrierten Namens wird diese Sorte schon seit geraumer Zeit angebaut. Die kräftig gefärbten Blüten sind wohlgeformt, langlebig und in der Mitte der Blütenblätter auf ansprechende Weise dunkler getönt, während ihre Farbe zu den Rändern hin verblasst. Sie wird 75 bis 90 cm hoch. In dieser Aufnahme wird sie fast in doppelter Größe gezeigt.

Die Orienpets

Die Achillesferse der Orientalischen Lilien ist ihre fatale Reaktion auf Kalk. Nun aber steht uns ein neuer Typ von Hybriden zur Verfügung, in denen sich das exotische Flair der Orientalen mit der Robustheit, Gartentauglichkeit und Kalkverträglichkeit des Mandarin-Türkenbunds (*L. henryi*) und der Trompeten- und Aurelianense-Hybriden verbindet. Diese Lilien sind unter Lilienfans und in den Katalogen als »Orienpets« bekannt – das »pets« im Namen soll dem englischen »trumpets« (Trompeten) entnommen sein. Die Einführung dieses fremden Bluts hat Pflanzen von außergewöhnlicher Gartentauglichkeit hervorgebracht, die nicht nur kräftig und zuverlässig sind, sondern auch von Jahr zu Jahr schöner werden. Sie blühen gegen Ende der Liliensaison, erreichen im Spätsommer ihren Höhepunkt und tragen oft viele große Blüten in Folge. Dieses Zuchtphänomen stellt einen der größten Fortschritte in der Geschichte der Lilienzüchtung dar.

Die Orienpets sind auf dem besten Weg, nicht nur die Herzen eingefleischter Lilienliebhaber zu erobern. Sie werden sich auch bei vielen anderen Gärtnern durchsetzen, da sie sehr eindrucksvoll sind und erst in der zweiten Hälfte des Sommers blühen, wenn andere Pflanzen ihre beste Zeit hinter sich haben.

'Arabesque'
Diese von Peter Schenk in den Niederlanden gezüchtete, sehr kräftige Pflanze mit starken, 1,2 bis 1,5 m hohen Stängeln trägt große, elegante, flache Blüten in sattem Karmesinrot mit etwas Weiß an den zurückgebogenen Spitzen der Blütenblätter. Letztere sind beeindruckend weit ausgebreitet, um ihre Farben möglichst gut zur Geltung zu bringen. Die Blüten blicken in duftigen Blütenständen nach außen, was ebenso attraktiv wie effektvoll wirkt, weil so schon eine Gruppe von drei Zwiebeln den Eindruck erweckt, als wären es viel mehr. Die Zwiebeln nehmen ständig an Umfang zu. Höhe 1 bis 1,2 m.
('Tetra Black Beauty' x 'Tetra Journey's End')

'Scheherazade' (links)
Diese Lilie, die immer großen Eindruck macht, ist bei Gärtnern in den USA und anderswo zu einer der beliebtesten aller Orienpets avanciert. Die aus der gelben Aurelianense-Hybride 'Thunderbolt' x 'Tetra Black Beauty' gezüchtete 'Scheherazade' ist eine fantastische Pflanze mit zahlreichen hängenden Blüten in Karmesinrot und Weiß, die weiter sind als die von 'Black Beauty' und Blütenblätter mit zurückgebogenen Spitzen haben. Die auffälligen grünen Nektariumssterne sind von dunklem Karmesinrot umgeben, nur die schmalen Ränder und die Spitzen der Blütenblätter sind weiß. Zwiebeln dieser wunderschönen Orienpet treiben im ersten Jahr 1 bis 1,8 m hoch, später können sie weitaus höher werden; wir hatten bereits Stängel von gut 2,7 m Höhe mit je 40 oder mehr Blüten.

'Black Beauty' 1957 (rechts)
Diese außergewöhnliche Gartenlilie hat als Erste der kalkresistenten Orienpets einen festen Platz in den Katalogen und Gärten erobert. Sie hat stark zurückgebogene Blüten in der Art der Prachtlilie (*L. speciosum*) in dunklem Karmesinrot – ein 'Schwarzrot', das durch sehr schmale weiße Ränder belebt wird. Der grüne Stern in der Blütenmitte fällt stark ins Auge. Die Pflanze mit zahlreichen halb hängenden Blüten wird 1 bis 1,5 m hoch. Je besser sich die Zwiebeln eingewöhnen, desto mehr Blüten bilden sie: 50 sind ganz normal, 100 durchaus möglich, und im günstigsten Fall können es sogar 150 sein! Dieser Klon ist steril, aber mittlerweile wurde auf künstlichem Weg ein fruchtbarer erzeugt, der Samen und lebensfähige Pollen hervorbringt – eine tetraploide Pflanze, die als 'Tetra Black Beauty' verkauft wird. (*L. speciosum* var. *rubrum* x *L. henryi*)

'Silk Road' (links)
Eine Orienpet-Hybride mit Genen der Trompetenlilien. Diese wirken sich auf die Form der Blüten aus, welche statt der eher sternförmigen, zurückgebogenen Blüten der meisten anderen Orienpets tiefe, trichterförmige Schalen bilden. Vielleicht lässt sich der Einfluss der Trompetenlilien auch im Duft und in der Größe der Knospen entdecken. Die kräftige Pflanze blüht früher als die meisten ihrer Verwandten. Ihre großen Blüten haben einen satten Farbton zwischen Karmesinrot und Pink, der zur Mitte hin dunkler wird, an den Rändern und Spitzen dagegen in Weiß übergeht. Die Blüten zeigen nach außen oder sind leicht nach unten geneigt. Jahr für Jahr wird die Zwiebel dicker, der Stängel kräftiger und die Zahl der Blüten größer. Die Pflanze wird 1,2 bis 1,8 m hoch.

'Catherine the Great' (rechts)
Dies ist gegenwärtig die führende gelbe Orienpet-Hybride. Ihre kräftigen, bis zu 1,8 m hohen Stängel tragen duftige Blütenstände mit großen, nach außen gerichteten Blüten. Der Einfluss der Trompetenlilien wird in den Stängeln, im Laub und in den großen Knospen ebenso sichtbar wie in den gelben Blüten. In geschlossenem und leicht geöffnetem Zustand könnte man sie für Trompetenlilien halten, doch dann öffnen sie sich sehr weit zu breiten Schalen. Die Blüten sind kühl blassgelb mit einer dunkleren, eher goldgelben Tönung zur Mitte und zur Basis eines jeden Blütenblatts, die Ränder wirken in manchen Sommern fast weiß. Je kühler die Witterung, desto kräftiger ist die Schattierungen von Blassgelb bis Goldgelb.

Die dynamische Gattung der Lilien zählt zweifellos zu den spannendsten Themen des heutigen Gartenbaus. Doch oft kommt bei exotischen Pflanzen der Verdacht auf, dass sie heikel zu pflegen sind. Das soll dieser praxisorientierte Leitfaden zur Kultivierung von Lilien widerlegen.

Die Kultivierung

Lilien sind ideal für Hobbygärtner, weil sie sich mit dem begrenzten Pflegeaufwand viel beschäftigter Zeitgenossen zufrieden geben, aber auch größere Mühen lohnen und eine Herausforderung sein können. Die interessanten Vermehrungsmethoden dürften leidenschaftliche Gärtner begeistern, und wer sich auf das Gebiet der Züchtung wagt, läuft Gefahr, sich bald für nichts anderes mehr zu interessieren.

Durch die Züchtung immer neuer Lilienhybriden sind Probleme bei der Kultivierung weitgehend überwunden worden, sodass es heute kaum mehr eine andere Gartenpflanze gibt, die einfacher zu kultivieren und zu vermehren wäre als die Lilie. In jedem Fall eignen sich deren Zwiebeln besser für die Topfkultur als die von Narzissen, Tulpen, Hyazinthen oder anderen Zwiebelpflanzen. Bevor Sie sich an die Pflanzung Ihrer Lilien machen, sollten Sie jedoch ein wenig über ihren Lebenszyklus Bescheid wissen – darüber also, wie Lilien sich im Lauf des Jahres verhalten.

Das Pflanzen

Lilien lieben lockeren, durchlässigen Boden, der pH-neutral oder leicht sauer sein sollte. Das Hinzufügen von verrottetem organischem Material verbessert die Fruchtbarkeit des Bodens und trägt dazu bei, eine offene, faserige Bodenstruktur zu erhalten.

WACHSTUMSZYKLUS

Im frühen Herbst oder zu Beginn des Frühjahrs gesetzte Zwiebeln werden schnell aktiv: Aus dem Zwiebelboden sprießen Wurzeln, und im Frühling treibt ein Stängel in Richtung Erdoberfläche. Bei den meisten Lilien entwickelt dieser Stängel sein eigenes System von Wurzeln, die meist in Ringen angeordnet sind und schon nach außen streben, noch bevor der Stängel den Boden durchbricht. Der Stängel bringt eine sehr unterschiedliche Anzahl von Blättern hervor; manche Lilien sind sehr dicht belaubt, andere hingegen nur sehr spärlich. Bei den Blüten verhält es sich ähnlich: Einige Lilien geben sich mit einer einzelnen Blüte zufrieden, während andere es auf über 150 pro Stängel bringen. Nach dem Verwelken der Blüten können sich Samenkapseln entwickeln. Diese springen in vertikaler Richtung auf, um die flachen, scheibenartigen Samen aus jeder der drei Kammern freizugeben, wobei jede Kammer zwei Stapel von Samen beherbergt. Die Pflanze hat mittlerweile begonnen, sich auf die winterliche »Ruhezeit« einzustellen, und Blätter wie Stängel färben sich hellbraun.

Gegen Ende des Sommers ist die Zeit, um früh blühende Lilien aus dem Boden zu nehmen, wenn sie geteilt werden sollen, damit sie mehr Raum haben. Später blühende Arten kann man noch wenige Wochen vor Beginn des Winterwetters ausgraben. Zweck der Übung ist es, die Zwiebeln sofort wieder in Töpfe oder ins Freiland zu pflanzen, damit sie noch vor dem Einsetzen der kälteren, nasseren Witterung mit der Bildung eines neuen Wurzelsystems beginnen können. Frost in Verbindung mit Nässe kann vor allem Lilien in Töpfen zusetzen, wo der Frost nicht nur von oben, sondern auch von den Seiten her eindringen kann; Sie sollten deshalb versuchen, die Pflanzen den Winter über eher trocken zu halten.

Der Kauf von Lilienzwiebeln

Manchmal werden in Gartencentern Lilienzwiebeln auch unverpackt angeboten. Nehmen Sie immer die prallsten mit den geringsten Beschädigungen und meiden Sie solche, deren Schuppen bereits welken.

Die nächst liegenden Bezugsquellen für Zwiebeln sind Gartencenter oder die Kataloge des Versandhandels. In Gartencentern werden in der Regel ein gutes Dutzend oder auch mehrere Dutzend verschiedene Lilien angeboten, in einem guten allgemeinen Zwiebelpflanzenkatalog sind es 50 bis 70 Arten und Sorten, und ein Lilienspezialist kann sogar einen Katalog mit über 100 verschiedenen Lilien vorlegen. Die Preise für die Zwiebeln können sehr unterschiedlich sein; einige der selteneren, neueren Sorten sind sehr teuer, aber meist sind die Zwiebeln sehr preiswert. Von Zwiebelversendern können Sie in der Regel bedenkenlos bestellen. Die Zwiebeln sollten korrekt gekennzeichnet, gesund und sorgfältig verpackt sein, um Transportschäden zu vermeiden. Einige Lieferadressen sind im Anhang (siehe Seite 157, Informationen und Bezugsquellen) aufgelistet.

Die Auswahl in größeren Gartencentern kommt zwar nicht an die reiner Lilienspezialisten heran, ist aber mitunter dennoch recht beachtlich, und außerdem haben die Kunden hier den Vorteil, die Ware vor dem Kauf mit eigenen Augen begutachten zu können. Die geringere Zahl von Arten und Sorten bedeutet unter Umständen nur, dass lediglich die bewährtesten Gartenpflanzen angeboten werden. Neben altbekannten und allseits beliebten Lilien gibt es verblüffenderweise in Gartencentern oft auch schon neue Sorten, bevor diese in den Katalogen der Zwiebelversender auftauchen. Heute findet der Kunde in Gartencentern auch eine relativ große Auswahl an eingetopften Lilien, die – meist zu drei Pflanzen pro Topf – mit grünen, nur wenige Wochen vor dem Aufblühen stehenden Knospen verkauft werden. Am beliebtesten sind in dieser Aufmachung kleinwüchsige Lilien, darunter mehrere asiatische Serien wie die Pixies, die lediglich 25 bis 38 cm hoch werden. Auch niedrige Orientalische Lilien wie 'Mona Lisa' werden so verkauft.

DIE WAHL DER ZWIEBELN

Am besten pflanzt man Lilien im Frühherbst oder zu Frühlingsbeginn (siehe Pflanzen, Seite 130), und so können Sie Ihre Zwiebeln um diese Zeit kaufen. Wenn Sie im Versandhandel bestellen, sollten Sie dies nicht zu spät tun, um zu vermeiden, dass bestimmte Arten und Sorten bereits ausverkauft sind, und um sicherzustellen, dass Sie Ihre Zwiebeln auch rechtzeitig bekommen. Erhalten Sie die Zwiebeln dagegen mitten im Winter, wenn an ein Auspflanzen kaum zu denken ist, können Sie sie nur provisorisch in Töpfe pflanzen und diese bis zum nächsten Frühjahr kühl aufbewahren, um dann den ganzen Topfinhalt auszupflanzen.

Kaufen Sie Ihre Zwiebeln im Gartencenter, sollten Sie immer nach möglichst prallen, unbeschädigten Zwiebeln suchen; sind sonst keine Unterschiede festzustellen, ist eine schöne große Zwiebel immer einer schönen kleinen vorzuziehen. Da Lilienzwiebeln über keinerlei Schutzschicht verfügen, können sie leicht beschädigt werden. Eine solche Beschädigung kann zu Fäulnis führen; ein erstes Warnsignal sind

Auf Packungen sollten die Namen der einzelnen Lilien, ihre Zugehörigkeit zu einem bestimmten Typus (Trompeten-, Asiatische oder Orientalische Lilien), ihre Höhe sowie grundlegende Tipps zur Kultivierung zu finden sein.

braune Faulstellen in der Nähe der Basis. Bildet sich an leicht beschädigten Stellen Schimmel, ist dies dagegen meist nicht weiter schlimm, da man die kleine Stelle leicht mit einem scharfen Messer entfernen kann, um anschließend das beschädigte Gewebe mit einem Fungizid zu bestäuben oder einzupinseln. Meiden Sie Zwiebeln, aus denen bereits Stängel treiben. Das heißt aber nicht, dass Sie grundsätzlich die Finger von Zwiebeln lassen sollen, an deren Vegetationspunkt bereits erste Anzeichen eines Austreibens zu erkennen sind; solche Pflanzen entwickeln sich in aller Regel recht gut, wenn sie sofort eingepflanzt werden.

Für gewöhnlich werden Zwiebeln einzeln oder im Zweier- oder Dreierpack in Plastiktüten mit farbigen Illustrationen angeboten. Die meisten guten Gartencenter lagern verpackte Zwiebeln unter halbwegs vernünftigen Bedingungen und nehmen sie aus den Regalen, bevor sie verkümmern. Zwiebeln, die schon ziemlich welk aussehen, lassen sich oft schon dadurch in einen besseren Zustand versetzen, dass man sie einen oder zwei Tage in feuchten Torf legt. Leider kommt es aber auch immer wieder vor, dass Päckchen mit Lilienzwiebeln herumliegen, bis sie völlig eingetrocknet sind; solche Zwiebeln sind tot und nicht wieder zum Leben zu erwecken. Verpackte Zwiebeln sind von der Größe her meist eher bescheiden – schon aus Verpackungs-, Transport- und Gewichtsgründen. Doch schon am Ende des ersten Sommers werden Sie meist einen deutlichen Zuwachs an Umfang registrieren.

Mitunter werden Zwiebeln auch unverpackt angeboten – vielleicht mit ein wenig Torf umhüllt, um Beschädigungen zu vermeiden und ein allzu schnelles Austrocknen zu verhindern. Diese unverpackten Zwiebeln sind oft größer und sollten, wenn sie frisch gekauft werden, zu besten Ergebnissen führen und üppiger blühen als kleinere, verpackte Zwiebeln. Alles spricht dafür, diese Zwiebeln möglichst kurz nach ihrem Eintreffen im Geschäft zu kaufen. So können Sie die besten Exemplare auswählen, und je praller die Zwiebeln sind, desto schneller und kräftiger treiben sie aus.

Wir leben in einer Zeit der Sonderangebote. Manchmal sind sie ja ihr Geld wert; eher abzuraten ist aber von gemischten Packungen Lilien, die nicht namentlich benannt sind, weil die verschiedenen Arten und Sorten unterschiedliche Ansprüche stellen. Wenn Sie allerdings an den Namen der einzelnen Lilien nicht weiter interessiert sind, können Sie durchaus eine solche »Wundertüte« kaufen und die Zwiebeln der Pflanzen, die Ihnen besonders gefallen, für die nächsten Jahre behalten.

In Beete und Rabatten pflanzen

Lilienzwiebeln können entweder im Herbst oder im Frühjahr ins Freie gepflanzt werden. Früher riet man meist dazu, schon früh im Herbst zu pflanzen, damit die Zwiebeln noch vor dem Winter gut wurzeln können. Dieser Rat ist nach wie vor vernünftig, auch wenn er aus einer Zeit stammt, als man im Frühjahr noch keine Zwiebeln kaufen konnte und es noch nicht die technischen Möglichkeiten gab, Zwiebeln über längere Zeit ohne Qualitätsverlust zu lagern. In schweren Böden können im Herbst gesetzte Zwiebeln monatelang mit Feuchtigkeit zu kämpfen haben oder unter Schneckenfraß leiden. Wenn Sie Ihre Zwiebeln im Herbst setzen wollen, dann sollten Sie es möglichst früh tun, damit sie noch vor Wintereinbruch ausreichend Wurzeln bilden können und der Boden sich setzen kann. Die Pflanzen werden dann meist größer als im Frühjahr gepflanzte.

Das Pflanzen zu Frühjahrsbeginn hat den Vorteil, dass der Boden sich gerade aufzuwärmen beginnt und das Wachstum aller Pflanzen anregt. Die Lilienzwiebeln bilden unter diesen Bedingungen in der Regel rasch Wurzeln und treiben schon bald aus. Mit ein wenig Schneckenkorn oder anderen Vorsichtsmaßnahmen lässt sich die Gefahr von Schädigungen verringern. Haben die Lilien erst einmal die Erdoberfläche durchbrochen, sind sie immer weniger durch Schneckenfraß gefährdet. Außerdem ist es im Frühjahr vielleicht etwas einfacher zu beurteilen, wie sich die Lilien am besten in den Gesamtplan des Gartens einfügen.

Der Standort sollte gut umgegraben und frei von Unkraut sein. Falls nötig, ist die Zugabe von organischem Material oder grobem Sand ratsam, um einen durchlässigen, humusreichen Boden zu erhalten. Auch auf ausreichende Drainage ist zu achten. Überprüfen Sie vor dem Einpflanzen die Gesundheit Ihrer Zwiebeln (siehe Seite 128).

STANDORT UND BODEN

Lilien gedeihen in den meisten Böden ohne größere Probleme. Ein sehr kalkhaltiger Boden allerdings lässt die Kultur einiger Lilien nicht zu und erfordert selbst bei kalkverträglichen Arten und Sorten die Zugabe von verrottetem organischem Material. Schwere, lehmige Böden sind nicht ideal, da sie sich stark verdichten können, die Entwässerung behindern und zu wenig Luft in den Boden gelangt. Der perfekte Boden für Lilien ist ein leicht saurer Lehmboden mit reichlich organischem Material.

Humus ist ein lebenswichtiger Bestandteil eines jeden Gartenbodens. Er ist das Resultat der Verrottung lebender Materie – ein organischer Rückstand, der zur Erhaltung einer offenen Bodenstruktur und somit zur besseren Entwässerung beiträgt, zugleich aber Wasser speichern kann und somit hilft, die Pflanzen in Zeiten von Wasserknappheit zu versorgen. Humus spielt außerdem eine wichtige Rolle für die Fruchtbarkeit des Bodens. Die beste Quelle für Humus ist gut verrottetes organisches Material wie Gartenkompost oder verrotteter Pferdedung.

Die Prachtlilie (*L. speciosum*), hier im Verbund mit tiefroten Dahlien, blüht als eine der letzten Lilien und bringt auch in den herbstlichen Garten noch frische Farbe.

Lilienzwiebeln und -wurzeln fühlen sich am wohlsten in beschattetem Boden, mit Ausnahme der Madonnenlilie (*L. candidum*), die sonnenbeschienenen Boden mag. Und obwohl Lilien am besten zwischen anderen Pflanzen gedeihen, mögen sie es nicht, wenn sie allzu sehr bedrängt werden. Im Idealfall stehen »die Zehen im Schatten, das Gesicht in der Sonne«. Windstille und Feuchtigkeit fördern Pilzkrankheiten. Aber keine Lilie ist von einem stark windigen Standort begeistert.

DER pH-WERT

Der saure oder alkalische Charakter eines Bodens wird auf einer Skala von 1 bis 14 gemessen, auf der 7 neutral bedeutet. Je höher die Zahl, desto alkalischer der Boden; je niedriger, desto saurer. Es gibt etliche einfache Testsets, mit deren Hilfe Sie den pH-Wert Ihres Bodens messen können. Sie sollten dabei immer an mehreren Stellen im Garten gleichzeitig testen, da der pH-Wert innerhalb relativ kurzer Entfernungen stark schwanken kann. Als ideal gelten pH-Werte zwischen 5,5 und 7,5.

Normalerweise sollte jeder Gärtner nur Pflanzen setzen, die auf den jeweiligen Boden zugeschnitten sind. Doch die Wünsche gehen oft in eine andere Richtung, und so mancher Gärtner will Säure liebende Pflanzen, obwohl der Boden alkalisch ist oder umgekehrt. Natürlich können Böden durch die Zugabe von Kalk alkalischer oder durch entsprechende Zusätze saurer gemacht werden. Humus in Form von gut verrottetem organischem Material macht den Boden ebenfalls saurer, aber es braucht eine ganze Menge, um den pH-Wert um einen ganzen Punkt zu verändern. Zum Glück haben die meisten Gärten Böden mit neutralem oder annähernd neutralem pH-Wert und sind somit für die Kultivierung von Lilien gut geeignet.

DRAINAGE

Für Böden, in denen Lilien gedeihen sollen, ist das Wichtigste die Entwässerung. Die Wurzeln der Zwiebeln fühlen sich am wohlsten in lockerem, gut durchlüftetem Boden. Grober Sand und Humus fördern eine solche Bodenstruktur. Falls es Bereiche in Ihrem Garten gibt, in denen das Wasser schlecht abfließen kann, zahlt es sich in jedem Fall aus, eine Drainage zu verlegen. Zu diesem Zweck können Sie Gräben ausheben, sie zur Hälfte mit Schotter füllen und mit einer Schicht aus halb durchlässigem Material wie Torf oder Reisig abdecken, die verhindert, dass sich die Drainage sofort mit Erde füllt. Ein leichtes Gefälle muss auf jeden Fall vorhanden sein.

Lilien schätzen während der Wachstumsperiode reichlich Feuchtigkeit, haben es im Winter aber gern trockener. Vor allem lang anhaltende Staunässe mögen die Zwiebeln gar nicht. Unter solchen Bedingungen kann es leicht zu Fäulnis und zur Entstehung von Pilzkrankheiten kommen. Empfindlichere Arten lassen sich zu einem gewissen Grad vor übermäßiger Feuchtigkeit im Winter schützen, indem man sie mit Glasglocken oder Glasscheiben abdeckt, aber bei den meisten Lilien und an den meisten Standorten ist dies gar nicht nötig. In freier Natur sind die Zwiebeln häufig von Schnee bedeckt, der sie vor allzu viel Feuchtigkeit schützt. Den Zwiebeln tut es zwar nicht gut, gefroren zu werden, aber normale Kälte macht ihnen nichts aus.

PFLANZTIEFE UND PFLANZABSTÄNDE

Die Tiefe, in der die Zwiebeln gepflanzt werden sollten, hängt ebenso wie der Pflanzabstand vom jeweiligen Lilientyp ab.

Asiatische Lilien benötigen mindestens eine 10 cm dicke Erdschicht über der Zwiebelspitze; in sehr lockerem Boden dürfen sie auch etwas tiefer gesetzt werden. Falls Sie die Zwiebeln nach einer Saison wieder ausgraben wollen, können Sie sie in 15 cm Abstand pflanzen. Sollen sie zwei oder drei Jahre im Boden bleiben, sind wegen der Vermehrung der Zwiebeln eher 30 cm zu empfehlen.

Lilienarten mit kleinen Zwiebeln wie etwa *L. concolor* und *L. pumilum* können 8 cm unter der Oberfläche und in 10–15 cm Abstand gepflanzt werden.

Die Madonnenlilie (*L. candidum*) hat recht große Zwiebeln, die eine ganz andere Behandlung erfordern als alle anderen Lilienarten. Pflanzen Sie die Zwiebeln mit der Spitze knapp unterhalb der Erdoberfläche und in 20 bis 25 cm Abstand, da sie, wenn sie zu tief gesetzt werden, Probleme haben, nach oben zu kommen.

Trompetenlilien mit großen Zwiebeln, wie etwa die Königslilie (*L. regale*), sowie Hybriden wie die der Pink-Perfection-Gruppe müssen etwas tiefer gesetzt werden, nämlich rund 15 bis 20 cm. Dasselbe gilt für wüchsige Lilien wie die Orienpets ‘Black Beauty’ und die große ‘Scheherazade’. Wegen ihrer großen Blütenstände brauchen sie zudem viel Platz: 40 cm Abstand sind das Minimum, wenn sie zwei oder mehr Jahre im Boden bleiben sollen.

LILIENZWIEBELN IN EIN BEET PFLANZEN

1) Die Zwiebeln auf dem gut gelockerten Boden in den Pflanzabständen auslegen und Löcher graben.

2) Die Tiefe des Lochs hängt vom Typ der Zwiebel ab (siehe Text); die Mindesttiefe beträgt meist 10 cm.

3) Die Zwiebel mit sorgfältig ausgebreiteten Wurzeln in ihr Pflanzloch legen und mit Erde bedecken.

4) Den Boden einebnen und die Lage der Zwiebel markieren, bevor Sie weitere Zwiebeln pflanzen.

Die rhizomartigen Zwiebeln der Pantherlilie (*L. pardalinum*) und ihrer Hybriden werden am besten 10 cm tief gepflanzt. Da diese meist ein paar Jahre an Ort und Stelle bleiben, wäre es unsinnig, sie allzu dicht zu pflanzen; das Minimum sind 30 cm Abstand. Wegen ihrer starken seitlichen Ausbreitung legen die Zwiebeln eine größere Strecke zurück, bevor sie den Boden durchbrechen. Anfangs sollten die Zwiebeln mit etwa 10 cm Erde bedeckt sein. So bleiben sie kühl und feucht genug, bis sie sich eingewöhnt haben.

In Töpfe und Kübel pflanzen

Lilien gedeihen in Pflanzgefäßen fast immer gut. Nachdem ich seit über 50 Jahren Zwiebeln der unterschiedlichsten Arten und Sorten ziehe, bin ich der festen Überzeugung, dass Lilien leichter als alle anderen Zwiebelpflanzen in Töpfen und anderen Gefäßen zu kultivieren sind. Eingetopfte Zwiebeln sind äußerst vielseitig einsetzbar: Sie können individuell gepflegt und zur Überwinterung an einen geschützten Ort gebracht oder unter Glas durch erhöhte Wärmezufuhr zu einer früheren Blüte angeregt werden. Als Faustregel gilt: Je größer der Topf, desto wahrscheinlicher ist es auch, dass die Pflanze sich gut entwickelt. Eine größere Menge Erde lässt sich leichter feucht und auf gleichmäßiger Temperatur halten als die geringe Menge, die in einen kleinen Topf passt. Wo Töpfe gut sichtbar sind, bevorzuge ich solche aus Ton, habe ansonsten aber auch gegen Plastiktöpfe nichts einzuwenden. In Letzteren trocknet die Erdmischung nicht ganz so schnell aus.

Ein großer Topf bietet aber nicht nur ausreichend Platz für die Zwiebeln und ihre Nahrung, die sie aus der Erde beziehen, sondern sorgt auch für eine größere Standfestigkeit. Drei große Lilien können, wenn es sich beispielsweise um Trompetenlilien handelt, leicht 1,2 oder gar 2 m Höhe erreichen, wenn sie rechtzeitig gepflanzt wurden oder schon das zweite Jahr im Topf sind. Ein solcher Topf kann leicht umkippen, wenn er nicht das nötige Gewicht hat. Ist er jedoch groß genug, fällt er schon aufgrund seiner Masse weniger leicht um als ein kleiner.

TOPFGRÖSSEN

- Ein 2-Liter-Topf (17 cm Durchmesser) ist die kleinste verwendbare Größe, er reicht für eine normale Asiatische Lilie oder drei Zwerglilien gerade aus. Aufgrund der geringen Größe besteht allerdings die Gefahr des Austrocknens, und außerdem lässt sich ein allzu voller Topf schlechter von oben gießen.

- Ein 3-Liter-Topf (19 cm Durchmesser) ist das absolute Minimum für eine einzelne Zwiebel einer Trompetenlilie oder eine Lilie ähnlicher Größe und gerade ausreichend für drei normale Asiatische Lilien, aber immer noch zu klein für viele andere Arten und Sorten.

- Ein 5-Liter-Topf (22,5 cm Durchmesser) reicht für drei Asiatische oder Orientalische Lilien oder für eine große oder drei kleine Trompetenlilien.

- Ein 7,5-Liter-Topf (25 cm Durchmesser) ist das Minimum für drei Trompetenlilien oder drei große Orientalische Lilien.

Ideal für Lilien sind in der Mitte durchgesägte Fässer, Mörtelkübel oder ähnlich großzügig bemessene Behälter, sofern sie über ausreichend große Drainagelöcher verfü-

Orientalische Lilien wie die Sorte 'Arena', die einen kalkfreien Boden benötigen, können als Kübelpflanzen auch in kalkhaltigen Gärten schöne Akzente setzen.

gen. Große Kübel haben den Vorteil, dass sie gleich eine ganze Reihe unterschiedlicher Pflanzen fassen können – einen Miniaturgarten, der mit oder ohne Lilien seine Umgebung über Monate hinweg farblich bereichert. Am besten lässt man zwischen solchen Fässern oder anderen großen Behältern und dem Boden – ob Erde, Kies oder Pflaster – einen kleinen Zwischenraum, der die Drainage verbessert, das Eindringen von Schnecken erschwert und, falls das Pflanzgefäß aus Holz besteht, die Verrottungsgefahr verringert.

DIE RICHTIGE PRÄSENTATION VON LILIEN

Schon eine einzelne Lilie kann sich in einem Topf bestens machen, ist aber mit einer Gruppe von drei Exemplaren nicht zu vergleichen. Wann immer es möglich ist, sollten Sie deshalb drei Zwiebeln pro Topf pflanzen, aber immer drei derselben Sorte. Außerdem sollten die drei Zwiebeln etwa gleich groß sein, damit auch die aus ihnen sprießenden Lilien etwa die gleiche Höhe erreichen.

Die meisten normalen Asiatischen Lilien werden rund 80 cm hoch und gedeihen gut in Töpfen, ohne allzu windempfindlich zu sein. Noch größere Pflanzen wie die der Pink-Perfection-Gruppe sowie andere große Trompetenlilien können sich ebenfalls in Kübeln prächtig entwickeln, auch wenn es sich bei ihnen empfiehlt, gleich beim Eintopfen ein paar stützende Bambusrohre mit einzustecken. Bleiben die Zwiebeln ein zweites Jahr im Pflanzgefäß, treiben sie fast immer noch deutlich höhere Lilien aus – vor allem dann, wenn Sie nach dem ersten Jahr die oberste Erdschicht abtragen und durch frische Erde ersetzen.

ERDMISCHUNGEN

Die meisten Asiatischen Lilien vertragen Erdmischungen mit einem gewissen Kalkgehalt aus etwa einem Drittel Sand, einem Drittel Gartenerde, einem Drittel Rindenhumus sowie Dünger (3 g/l) und Kalk (0,5g/l). Der Vorteil von solchen Erdmischungen gegenüber Standard-Blumenerden, die auf Torf basieren, besteht darin, dass sie durchlässiger sind, mehr Luft enthalten und in trockenem Zustand besser zu wässern sind. Aber auch auf Humus basierende Erdmischungen können durchaus geeignet sein – vor allem, wenn Sie reichlich groben Sand darunter mischen.

Rhododendron-Erden sind kalkfrei und können bedenkenlos sowohl für Orientalische Lilien als auch für Rhododendren und ähnliche kalkempfindliche Pflanzen

LILIEN IN TÖPFE UND KÜBEL PFLANZEN

1) Decken Sie das Abzugsloch mit einer Schicht Tonscherben oder Styroporstücken ab, damit das Gießwasser nicht zu rasch abläuft und zu viel Erde ausschwemmt.

2) Füllen Sie mit einer kleinen Schaufel den Boden des Pflanzgefäßes mit einer guten, passenden Erdmischung auf.

verwendet werden. Wenn Sie etwas groben Sand hinzufügen, sind diese Erden auch leichter zu wässern, was, wenn die Erdmischung vollständig ausgetrocknet ist, recht schwierig werden kann. Ausgetrocknete Töpfe stellt man am besten in ein großes, mit Wasser gefülltes Gefäß, damit sie sich voll saugen können.

Meines Wissens bieten Gartencenter noch keine speziell für Lilien entwickelten Erden an, aber was nicht ist, kann ja noch werden. Bis dahin gibt es von etlichen Lilienfreunden zusammengestellte Mischungen, die den meisten Lilien zu bekommen scheinen. Ist eine Erdmischung allzu durchlässig und trocknet sie deshalb zu rasch aus, bewirkt die Zugabe verrotteten organischen Materials, dass die Erde die Feuchtigkeit länger hält; außerdem macht Kompost die Erdmischung ein wenig saurer und wurzelfreundlicher. Ich verwende eine Mischung aus zwei Teilen der auf Seite 135 beschriebenen Mischung und einem Teil gut verrottetem Kompost.

Die Verwendung von Torf ist in vielen Teilen der Welt schon aus ökologischen Gründen nicht zu rechtfertigen, da der Abbau von Torf bereits ganze Ökosysteme in Moorgebieten zerstört hat. Mittlerweile werden aber auch immer mehr alternative Humusquellen angeboten. Ebenso gut können Sie Ihre eigene Lauberde erzeugen, indem Sie Eichen- und Buchenlaub verrotten lassen. Auch gründlich verrotteter Kompost stellt bei richtiger Zusammensetzung für Lilien eine Kraftnahrung dar.

3) Legen Sie die Zwiebeln in gleichmäßigen Abständen auf die Erde und breiten Sie dabei die Wurzeln sorgfältig auf der Erdoberfläche aus.

4) Bedecken Sie die Zwiebeln so hoch mit Erde, dass die Spitzen der Zwiebeln mindestens 10 cm unter der Erde liegen (siehe Seite 132).

5) Lassen Sie einen Abstand von mindestens 2,5 cm zum Topfrand. Gießen Sie oder stellen Sie den Topf so lange ins Wasser, bis er sich voll gesogen hat.

TIPPS ZUR TOPFKULTUR

Lilienzwiebeln können zu jeder Jahreszeit zwischen Spätsommer und Frühlingsende eingetopft werden. Normalerweise entwickeln sich die früh gepflanzten am besten, aber als problemlose Topfpflanzen gedeihen Lilien bei ein wenig Pflege auch dann noch, wenn sie später gesetzt werden. In Töpfen gezogene Zwiebeln überwintert man am besten an einem kühlen, frostfreien Platz, der bei nasser Witterung vor Regen geschützt sein sollte. Die Töpfe bereits ausgetriebener Lilien können in einem ungeheizten Treibhaus oder Frühbeetkasten stehen, bei trockener Witterung aber ebenso gut im Freien. In einem feuchten Umfeld kommt es leicht zu Pilzkrankheiten.

Wenn Sie keinen Samen ernten möchten, schneiden Sie die Blütenstände nach der Blüte ab, ohne aber Blätter mit zu entfernen. Gießen Sie die Töpfe noch etwa sechs Wochen, damit die Zwiebeln nicht austrocknen. Gegen Ende des Sommers oder im Herbst leeren Sie die Töpfe und holen die Zwiebeln sowie eventuelle Brutzwiebeln oder durch Teilung entstandene neue Zwiebeln heraus. Laub und Stängel der früher blühenden Lilien haben dann ihre Lebenskraft eingebüßt und sind vertrocknet, sodass sie leicht von den Zwiebeln abgerissen werden können. Setzen Sie die Zwiebeln wieder ein, wobei Sie die kleineren am besten in eigenen Töpfen oder im Freien vorziehen. Vergessen Sie nicht, sie eindeutig zu kennzeichnen.

Schädlinge und Krankheiten

LILIENHÄHNCHEN

Lilienhähnchen sind etwa 8 mm lang und fast halb so breit. Wegen ihrer leuchtend orangeroten Färbung auf der flachen Rückseite sind sie sehr gut erkennbar.

Die Larven sind in voll ausgewachsenem Zustand etwa so lang wie der Käfer, aber unter einer Masse grauer Ausscheidungen versteckt, unter der sie sich durch die Blätter fressen.

Da Lilienzwiebeln ebenso essbar sind wie ihre Triebe, sind sie von größeren Schädlingen wie Nagern, Kaninchen und Rotwild bedroht. Rehe und Kaninchen müssen womöglich durch Zäune von den Zwiebeln abgehalten werden. Auch Mäuse, Wühlmäuse und Ratten nehmen Lilienzwiebeln besonders im Winter gern in ihren Speiseplan auf; gegen sie helfen Katzen und möglichst Lebendfallen. Zu den kleineren Schädlingen zählen Schnecken, Blattläuse, Weinbohrer und Lilienhähnchen.

Das Lilienhähnchen Das hübsche Lilienhähnchen – der lästigste aller kleineren Lilienschädlinge – scheint sich in Teilen Europas unaufhaltsam auszubreiten. Die Käfer treten meist im Frühjahr in Erscheinung, und da sie bis in den Herbst hinein aktiv sein können, müssen die Pflanzen immer wieder nach ihnen abgesucht werden. Während der ausgewachsene Käfer unübersehbar ist, verstecken sich seine Larven unter einer Masse von Ausscheidungen, die aussehen, als würden sie von Vögeln stammen. Da sowohl die erwachsenen Käfer als auch die Larven sich vom Laub der Lilien ernähren, kann es bei massivem Befall geschehen, dass eine Pflanze nur noch aus einem kläglichen Stängel besteht, an dem dort, wo einst die Blätter waren, allenfalls noch ein paar Fasern übrig geblieben sind.

Da ihre Anwesenheit gut erkennbar ist und sie leicht zu identifizieren sind, können Käfer und Larven per Hand eingesammelt und vernichtet werden. Dabei kann es allerdings leicht passieren, dass die leuchtend roten Käfer zu Boden fallen, wo sie auf dem Rücken liegen bleiben und aufgrund ihrer schwarzen Unterseite kaum mehr zu erkennen sind. Deshalb hält man am besten einen Bogen Papier unter das befallene Blatt, bevor man versucht, den Käfer abzupflücken. Sie können aber auch das Laub mit einem systemischen Insektizid besprühen, sei es mit einer handbetriebenen Sprühflasche oder mithilfe einer Sprühdose. Wenn Käfer und Larven dann ein besprühtes Blatt fressen, nehmen sie das Gift auf, das die Larven meist auf der Stelle tötet. Die Käfer fallen zwar nicht ganz so schnell um, werden aber sehr viel träger und lassen sich so besser einsammeln.

Bei regelmäßiger Inspektion der Pflanzen können Sie jeden Befall rechtzeitig erkennen und etwas dagegen unternehmen. Nur wenn die Schädlinge sich ungestört durchfressen können, werden Pflanzen ernsthaft in Mitleidenschaft gezogen. Meiner Erfahrung nach sind die Lilienhähnchen im späten Frühjahr am aktivsten – also dann, wenn die Pflanzen am kräftigsten wachsen und kurz bevor sie ihre Blüten öffnen.

Weniger schlimme Schädlinge Schnecken aller Art können sowohl die Zwiebeln als auch die jungen Stängel der Lilien anfallen. Am aktivsten sind sie meist in der ersten Frühjahrshälfte, wenn oft schon Lilientriebe die Erdoberfläche durchbrechen. Schnecken können einen Stängel so beschädigen, dass die ganze Pflanze bedroht ist. Ein gepflegter, unkrautfreier Boden trägt dazu bei, die Schneckenpopulation in Grenzen

GURKENMOSAIK-VIRUS

Die hellen Streifen auf den Blättern zeigen, dass die Lilie vom Gurkenmosaikvirus befallen ist. Wird die Pflanze nicht sofort vernichtet, kann das Virus auf gesunde Pflanzen übertragen werden – meist durch Blattläuse.

zu halten. Schneckenfallen erledigen einen Teil der Schädlinge, während Schneckenkorn den übrigen den Garaus macht. Heute gibt es Schneckenkorn, das für Haustiere, Igel und Vögel unschädlich ist.

Auch Blattläuse machen sich gern über Lilien und vor allem über ihre Knospen her. Sie können mit Insektiziden vernichtet werden. Am besten bekämpft man sie rechtzeitig, bevor sie die Blüten beschädigen. Außerdem können sie beim Saugen an den Lilien Viren übertragen. Ein solcher Virusbefall ist nicht sofort erkennbar, führt aber dazu, dass im Folgejahr zahlreiche Pflanzen weggeworfen werden müssen.

Weinbohrer können ebenfalls zur Plage werden. Der ausgewachsene Weinbohrer ist ein rund 9 mm langes grauschwarzes Insekt mit braunen Flecken, der an seinen erhöhten Längsstreifen zu erkennen ist. Er ernährt sich von Blättern. Gefährlicher sind die dicken cremeweißen Raupen, da sie die Wurzeln anfressen. So kann es geschehen, dass eine scheinbar gesunde Pflanze auf einmal verwelkt und bei der Untersuchung ihres Wurzelwerks Raupen zum Vorschein kommen. Es gibt jedoch eine Reihe wirksamer chemischer Gegenmittel.

KRANKHEITEN

Viren Das weitaus bekannteste Virus, das Lilien befällt, ist das Gurkenmosaikvirus, das trotz seines Namens bei den unterschiedlichsten Pflanzen auftreten kann. Symptome sind hellere Streifenmuster auf den Blättern. Hat sich dieses Virus einmal ausgebreitet, führt es zu verkrüppelten Blättern und Blüten. Das Tulpenmosaikvirus bewirkt eine Sprenkelung auf den Blättern. Ungewöhnlich ist das symptomlose Virus, das dazu führt, dass einzelne Pflanzen oder ganze Gruppen von Lilien an Vitalität einbüßen und kränkeln. Dieses Virus ist gegenwärtig jedoch nicht weit verbreitet.

Da es kein Gegenmittel gegen Viren gibt, sollten alle befallenen Zwiebeln vernichtet werden, bevor Insekten das Virus weiter verbreiten können. Eine Ausbreitung ist sogar möglich, wenn mit einem Messer, mit dem ein infizierter Stängel abgeschnitten wurde, anschließend eine gesunde Pflanze behandelt wird.

Pilzkrankheiten Die weit verbreitete Grauschimmelkrankheit (*Botrytis elliptica*) kann schwere Schäden verursachen. Bei feuchter Witterung und schlechter Durchlüftung breitet sie sich rasch aus. Stehen Lilien dicht gedrängt an einem Ort mit eingeschränktem Luftaustausch, greift der Pilz besonders gerne an. Zunächst werden die unteren Blätter braun und sehen aus, als hätten sie Frost abbekommen. Die Blätter welken, und bei starkem Befall kann der ganze Stängel sämtliche Blätter verlieren. Doch in den seltensten Fällen sterben die Pflanzen vollständig ab. Um die Krankheit zu vermeiden, sollten Sie Ihre Lilien an einem möglichst luftigen Platz ziehen. Vorbeugendes Besprühen mit Bordeaux-Brühe (Kupfer-Brühe) zu Beginn des Wachstums kann den Grauschimmel in Grenzen halten, ist aber kein Heilmittel für kranke Pflanzen.

Für viele Gartenfreunde, aus deren Sicht das Vermehren von Pflanzen die Grundlage des Gärtnerns schlechthin ist, stellt die Lilie die ideale Pflanze dar. Sie hat mehrere Möglichkeiten, sich erfolgreich fortzupflanzen. In freier Natur ist die Vermehrung durch Samen erste Wahl. Wir als Gärtner können es ebenso machen oder auf die natürliche Zwiebelteilung der Pflanze zurückzugreifen, zu der es unter den günstigen Kulturbedingungen häufiger kommt als in der Natur. Das unterirdische Teilstück der Stängel vieler Lilien ist zudem von Brutzwiebeln besetzt; manche Lilien bilden auch

Die Vermehrung

über der Erde in den Blattachseln Brutzwiebeln aus. Die beliebteste Methode der Vermehrung beruht aber auf der Fähigkeit von Schuppen, die von der Zwiebel abgerissen werden, an ihren gebrochenen Rändern kleine Brutzwiebeln zu bilden.

Die Vermehrung durch Samen aber auch alle anderen, vegetativen Vermehrungsmethoden haben ihre Vorteile. Die der vegetativen Vermehrung sind beträchtlich. Zum einen verfügen alle neuen Pflanzen über genau dasselbe Genmaterial wie die Mutterpflanze, und da sie Teil eines Klons sind, sehen sie alle gleich aus (Klone sind definiert als Pflanzen mit identischer DNA). Blüten, Blütezeit, Höhe und Wuchs der Pflanzen sind identisch. Zudem ist die vegetative Vermehrung weitaus einfacher als die durch Samen, da sie weniger Sorgfalt als die Keimung und das Großziehen winziger Sämlinge erfordert.

Selbst bestäubter Samen von Lilien gibt immer die wesentlichen Merkmale der Eltern wieder, aber es kommt zu Abweichungen, die zwar gering, aber doch bedeutsam sind. Leicht festzustellen ist eine geringe Abweichung in der Farbe der Blüten; sehr häufig gibt es von orangefarbenen Arten auch gelbe Formen, weil in einigen Pflanzen die Konzentration des Farbpigments Karotin geringer ist. Weniger offensichtlich ist eine Tendenz, etwas früher oder später zu blühen. Auch die Höhe der Pflanzen ist eine Variable, die sich erst nach einer gewissen Zeit feststellen lässt. Es lohnt sich immer, seinen Vorrat an Lilienarten durch Samen zu erneuern – nicht nur, um von möglichen positiven Abweichungen zu profitieren, sondern vor allem, um neue Pflanzen zu erhalten, die frei sind von Viren und anderen Erkrankungen.

Virusbefall kann ausgesprochen heimtückisch sein, weil er die gesamte Pflanze schwächt. Mitunter kann dies sehr schnell mit deutlich sichtbaren Symptomen ablaufen; in anderen Fällen ist die Krankheit anfangs kaum zu erkennen. Am beunruhigendsten ist, dass ein Virus, das bei einer Lilie nur geringen Schaden anrichtet, nach der Übertragung durch Blattläuse auf andere Lilien katastrophale Folgen haben kann. Mit den Möglichkeiten eines Amateurgärtners ist Viren nicht beizukommen, und so überträgt jede infizierte, vegetativ vermehrte Pflanze das Virus auf alle Jungpflanzen. Aus diesem Grund ist die Wahl gesunder Zwiebeln für die Vermehrung so wichtig.

Die natürliche Zwiebelteilung

AUSGRABEN

Graben Sie ein Stück vom Stängel weg – er wächst nicht immer senkrecht aus der Zwiebel.

Die konzentrische Zwiebel ist bereit zur Teilung; eine neue Zwiebel konnte schon problemlos abgetrennt werden.

Das Wachstumstempo der Zwiebeln hängt vom Typus der Zwiebel ab, aber auch vom Boden und von Umwelteinflüssen. Die konzentrischen Zwiebeln Asiatischer Hybriden teilen sich meist regelmäßig, sodass aus einer durchschnittlich großen Zwiebel nach einer Wachstumsperiode zwei oder drei Zwiebeln geworden sind. LA-Hybriden vermehren sich noch weitaus rasanter. Trompetenlilien und Aurelianense-Hybriden neigen zu kräftigem Zwiebelwachstum vor der Teilung, entwickeln aber zusätzlich neue, kleinere Zwiebeln als Seitentriebe um die Basis der Zwiebel oder im äußeren Ring von Schuppen.

Ist eine Zwiebel zur Blüte gelangt, stirbt der Blütentrieb ab und die Originalzwiebel teilt sich in zwei Hälften. Im Lauf der Zeit zersetzt sich das Gewebe zwischen den beiden Teilen der Zwiebel, und zurück bleiben zwei unabhängig voneinander funktionierende Zwiebeln. Oft jedoch brechen Gärtner die Zwiebelteile im Herbst rund acht Wochen nach der Blüte per Hand auseinander.

Rhizomartige Zwiebeln, die unter günstigen Gartenbedingungen heranwachsen, bilden aus jeder Originalzwiebel mindestens zwei neue Vegetationspunkte. Nach ein paar Jahren kann mithilfe eines Messers der gesamte Wurzelstock geteilt werden, sodass jedes neue Teilstück einen Abschnitt des alten Rhizoms besitzt sowie mindestens einen neuen Vegetationspunkt, der an seinen helleren Schuppen erkennbar ist. Dies geschieht normalerweise gegen Ende des Sommers.

ZWIEBELN AUSGRABEN

Rund sechs Wochen nach dem Abblühen ist die Zeit zum Ausgraben der Zwiebeln gekommen, so dass die meisten Asiatischen Lilien im Spätsommer ausgegraben werden können. Die oberen Teile der Pflanzen wurden bis dahin vielleicht schon teilweise zurückgeschnitten, um die verwelkten Blütenstände (sofern kein Samen gesammelt werden soll) zu entfernen. Auch das Laub bietet, selbst wenn es noch nicht verwelkt ist, keinen berauschenden Anblick mehr, sodass man die Stängel leicht opfern kann. Schütteln Sie die Erde von den Zwiebeln ab. Mit einiger Wahrscheinlichkeit finden sich dabei am Stängel Brutzwiebeln (siehe gegenüber).

Das Herausnehmen der Zwiebeln bietet die Gelegenheit, Schnecken zu entfernen und beschädigte Schuppen abzuschneiden oder zu säubern. Schnittstellen sollten anschließend mit einem Fungizid behandelt werden. Da die Wurzeln fast nutzlos geworden sind, können die lockeren entfernt werden, während die kräftigeren unter ihnen bei der Verankerung der Zwiebel an ihrem neuen Standort nützlich sind. Diese Zwiebeln beginnen schon bald mit der Ausbildung eines neuen Wurzelsystems, das den Anfang des jährlichen Wachstumszyklus markiert. Manchmal teilen sich die neuen Zwiebeln in zwei oder mehr voneinander unabhängige Zwiebeln. Diese lassen sich leicht voneinander trennen, indem man ein Messer in das vom Stängel hinterlassene Loch stößt. Zwiebeln sollten nie für längere Zeit ohne Erde

BRUTZWIEBELN

Diese ausgegrabene Zwiebel trägt mehrere Brutzwiebeln, die noch am Stängel hängen.

Dieselbe Zwiebel, nachdem die Brutzwiebeln vom Stängel entfernt wurden; nun sind alle bereit zum erneuten Einpflanzen.

sein. Deshalb empfiehlt es sich, sie so rasch wie möglich wieder ins Beet oder in Töpfe zu pflanzen. Haben Sie dazu keine Zeit, sollten Sie die Zwiebeln in einem Topf mit Torf oder ähnlichem Material abdecken, das feucht, aber nicht nass sein sollte, und den Topf an einen kühlen Ort stellen. Lagern Sie die Zwiebeln aber nicht länger als nötig, damit sie noch vor Beginn des Winters ein neues, möglichst weitläufiges Wurzelsystem ausbilden können.

Die Trompetenlilien, die Aurelianense-Hybriden, viele Orientalische Lilien und Orienpets blühen in der Regel später als ihre asiatischen Verwandten, sodass sie sechs Wochen nach dem Abblühen nicht mehr weit vom Winter entfernt sind. Dennoch sollte genügend Zeit bleiben, sie auszugraben, zu teilen und neu einzupflanzen, damit die Zwiebeln noch ausreichend kräftige Wurzelsysteme bilden können. Sieht eine Pflanze nach dem Ausgraben noch grün und aktiv aus, sollten Sie die Stängel auf halbe Länge zurückschneiden und an den Zwiebeln belassen.

BRUTZWIEBELN AM UNTERIRDISCHEN TEIL DES STÄNGELS

Die meisten Lilien verfügen zumindest in gewissem Umfang über die Möglichkeit, am unterirdischen Teil des Stängels Brutzwiebeln auszubilden. Die asiatischen Arten und sämtliche Asiatischen Hybriden erweisen sich in dieser Hinsicht als besonders aktiv. Nicht selten sieht man die Spitzen von Brutzwiebeln unmittelbar neben dem Stängel aus dem Boden ragen. Ihre Zahl – zwischen einer und zehn – und Größe können sehr unterschiedlich sein. LA-Hybriden können zahlreiche Brutzwiebeln in der Größe von Golfbällen austreiben. Die meisten anderen haben etwa die Größe von Murmeln, und die allerkleinsten lohnen es kaum, sich mit ihnen abzugeben.

Die sechs bis acht Wochen nach der Blüte können für diese Brutzwiebeln sehr wichtig sein, damit sie dick genug zum Ernten sind, wenn schließlich die Hauptzwiebeln ausgegraben werden. Wie die Mutterzwiebeln sollten sie am besten sofort wieder eingepflanzt werden; einige haben bereits Wurzeln entwickelt. Wenn Sie sie zwischen die wieder eingepflanzten Hauptzwiebeln stecken, hat dies zum einen den Vorteil, dass Sie den Namen der Pflanze kennen, zum anderen wachsen die Jungpflanzen im selben Umfeld und mit derselben Pflege wie die Eltern heran. Ein Nachteil ist, dass die jungen Pflanzen von den größeren erstickt werden könnten. Falls Sie dies nicht möchten, sollten Sie die Brutzwiebeln sorgfältig kennzeichnen und für ein Jahr irgendwo anders im Garten in Töpfen oder im Beet heranziehen. Die meisten normal großen Brutzwiebeln Asiatischer Lilien sollten schon nach einer Wachstumsperiode groß genug sein, um zu blühen. Lilien vom Martagon-Typus bilden nicht allzu häufig Brutzwiebeln. Trompetenlilien bilden weniger Brutzwiebeln aus als Asiatische, obgleich Pflanzen mit Aurelianense-Genen in dieser Hinsicht etwas großzügiger sind. Entfernt man vom Stängel schon früh den potenziellen Blütenstand, erzeugt die Pflanze oft mehr und größere Brutzwiebeln.

BRUTZWIEBELN IN DEN BLATTACHSELN

Lilienarten, die Brutzwiebeln in den Blattachseln ausbilden, können sehr produktiv sein. Dies gilt vor allem für die Tigerlilie (*L. lancifolium*), die europäische Feuerlilie (*L. bulbiferum*) und eine seltene asiatische Trompetenlilie, *L. sargentiae*. Die Feuerlilie hat Formen und Klone, die normalerweise keine Brutzwiebeln ausbilden; die bekannteste von ihnen ist *L. bulbiferum* var. *croceum*. Auch Asiatische Hybriden verfügen oft über das Potenzial, Brutzwiebeln zu produzieren. Einige tun dies von sich aus, andere können dazu angeregt werden, indem man den Blütenstand abschneidet, sobald sich die grünen Knospen ausbilden. Gerade junge, noch nicht blühende Zwiebeln treiben oft Stängel mit zahlreichen Brutzwiebeln aus.

Bei der Tigerlilie können in jeder Blattachsel eine, zwei oder gar drei Brutzwiebeln sitzen. Da die Stängel sehr viele Blätter haben, kann jede Pflanze pro Stängel bis zu 100 Brutzwiebeln bilden. Normalerweise fallen diese ab, sobald sie im Herbst ausgereift sind; in diesem Stadium haben sie oft schon Wurzeln oder gar ein erstes Blatt ausgetrieben. Die herabgefallenen Brutzwiebeln treiben Wurzeln in den Boden, die die Zwiebeln mit ziehharmonikaartigen Kontraktionen unter die Erde ziehen.

Brutzwiebeln können vom Ende des Sommers bis in den Herbst hinein geerntet werden. Die ausgereiften Exemplare lassen sich leicht ablösen, während man die jüngeren für eine spätere Ernte noch am Stängel belässt. Pflanzen Sie die abgelösten Brutzwiebeln entweder in Saatrillen im Garten aus oder setzen Sie sie in Töpfe, die Sie mit einer humusreichen, aber durchlässigen Erdmischung füllen. Rechtzeitig gepflanzt, werden sie bald Wurzeln schlagen und Blätter austreiben.

KLONEN AUS SCHUPPEN

Dies ist eines der beliebtesten Zauberkunststücke unter passionierten Hobbygärtnern. Im Prinzip ist es zu jeder Jahreszeit machbar; am einfachsten geht es aber gleich zu Beginn des Frühlings, weil dann die Jungpflanzen den ganzen Sommer zum Wachsen vor sich haben. Nehmen Sie die Schuppen von der Zwiebel ab und legen Sie sie in ein Substrat, und zwar entweder in Vermiculit oder in eine sandige Erdmischung (siehe gegenüber). Sobald die Schuppen an ihren eingerissenen Rändern kleine Brutzwiebeln entwickelt haben, können Sie sie in Töpfe oder flache Schalen pflanzen. Lassen Sie sie wachsen, bis jede Zwiebel zwei oder drei Blätter hervorgebracht hat; nun müssten die Pflanzen kräftig genug sein für das Auspflanzen ins Freie.

In wärmeren Breiten mit gut durchlässigen, feuchten Böden kann man auch Schuppen abbrechen und im Freien auspflanzen. Einige Zwiebeln, wie etwa die der Martagon-Sektion und ihrer Verwandten, haben so brüchige Schuppen, dass es fast unmöglich ist, sie in die Hand zu nehmen, ohne dass Teile abfallen. Lässt man sie im Boden, bilden sie im ersten Jahr kleine Zwiebeln ohne Blätter. Bis sie so viel Größe zugelegt haben, dass sie blühen, vergehen oft fünf Jahre oder mehr.

KLONEN MIT SCHUPPEN

1) Wählen Sie eine gesunde Zwiebel und brechen Sie unweit des Zwiebelbodens Schuppen ab. Bei einer wertvollen kleinen Zwiebel müssen Sie sich vielleicht mit ein oder zwei begnügen, während eine große Zwiebel sechs Schuppen entbehren kann, ohne entscheidend geschwächt zu werden. Angefressene, beschädigte oder kranke Schuppen werfen Sie weg.

2) Tauchen Sie die Schuppen nach den Anweisungen des Herstellers, normalerweise aber 15 bis 20 Minuten lang in ein systemisches Fungizid. Versehen Sie jede Gruppe von Schuppen mit einer gut lesbaren, wasserfesten Beschriftung, die nicht verwischen kann.

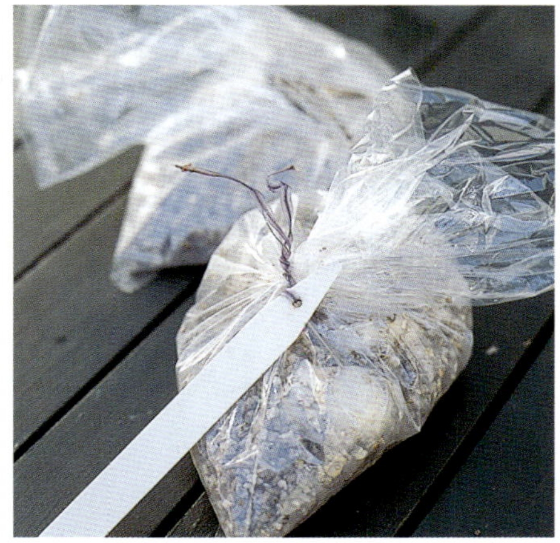

3) Stecken Sie die Schuppen mit einer Hand voll angefeuchtetem Vermiculit in einen Plastikbeutel. Lassen Sie das Vermiculit 5 Min. lang Wasser aufsaugen und anschließend abtropfen. Schließen Sie den Beutel mit reichlich Luft darin und beschriften Sie ihn. Legen Sie jeden Beutel an einen sicheren Ort (nicht unbedingt im Dunkeln) und bewahren Sie sie bei 17° bis 21°C auf.

4) Sie können die Schuppen nach dem Fungizidbad auch in eine Schale mit sandiger Erde legen, sodass nur die Spitze einer jeden Schuppe herausschaut. Beschriften Sie die Schale und stellen Sie sie in Wasser, bis sie sich von unten voll gesogen hat. Lassen Sie dann überschüssiges Wasser ablaufen.

5) Stecken Sie die Schale in eine Plastiktüte und verschließen Sie diese. Nach sechs bis acht Wochen nehmen Sie ein oder zwei Schuppen heraus. Sie sollten je eine bis fünf Brutzwiebeln gebildet haben, von denen jede schon Wurzeln und vielleicht das erste Blatt entwickelt hat.

6) Stecken Sie die Brutzwiebeln in sandige, humusreiche Erde in Töpfe oder Schalen, etwa 2,5 cm tief unter die Oberfläche. Lassen Sie sie wachsen, bis die Zwiebeln je zwei bis drei Blätter entwickelt haben; dann sind sie groß genug, um sie in größere Töpfe oder ins Freie zu pflanzen.

Lilien aus Samen ziehen

Spät ausreifende Samenschoten wurden im Herbst in eine trockene Umgebung gebracht, um ungestört ausreifen zu können. Legen Sie einen Bogen Papier unter die Schoten, um herausfallende Samen aufzufangen.

Auch die Vermehrung durch Samen hat Vorteile. Zum einen können Sie sicher sein, dass die Pflanzen von Anfang an frei sind von Viren oder anderen Krankheiten. Zudem sind einige Lilienarten ohnehin nur in Form von Samen erhältlich. Da eine Samenschote gut und gern 50 bis 100 keimfähige Samen enthalten kann, ist jederzeit eine kleine Bevölkerungsexplosion möglich. Dabei kann es immer zu gewissen Variationen innerhalb einer Art kommen. Natürlich kann es bei Hybridsamen zu gewaltigen Variationen bei Sämlingen aus ein und derselben Samenschote einer selbst befruchtenden Sorte kommen. Bei kontrollierten Kreuzungen besteht die Chance, dass die daraus entstehende Pflanze genau die Eigenschaften in sich vereint, die der Züchter will, aber sicher ist das nicht.

Normalerweise liegen zwischen einer erfolgreichen Bestäubung (siehe Seite 150) und dem Ausreifen der Samen ein Zeitraum von sechs bis acht Wochen. Je später eine Lilie blüht, desto langsamer reift der Samen heran. Manchmal müssen sogar die spät ausreifenden Samenschoten abgeschnitten und ins Haus gebracht werden, damit sie dort zu Ende reifen können, wenn es draußen zu nass und zu kalt geworden ist. Hängen Sie dazu die abgeschnittenen Stängel kopfüber an einem trockenen, luftigen und warmen Ort auf. Feuchtigkeit ist besonders gefährlich für spät reifende Schoten, da es unter solchen Bedingungen leicht zu Pilzbefall kommen kann.

Sind die Samenschoten ausgereift, brechen sie am oberen Ende auf, und die scheibenförmigen Samen werden vom Wind weggeweht. Falls Sie um diese Zeit nicht im Garten sein können, empfiehlt es sich, die Samenschoten in Baumwolltücher zu wickeln, die von Gummibändern zusammengehalten werden. Dann können Sie die trockenen Samen aus den Schoten holen und die Spreu behutsam wegpusten.

DAS AUSSÄEN

Samen benötigt zum Keimen Feuchtigkeit, Wärme und Luft. Dies alles erhält er durch Aussäen in spezielle Aussaaterde, die in einen Topf oder eine flache Schale gefüllt wird. Feuchtes Vermiculit in einer verschlossenen Tüte oder einem Glas mit Deckel erfüllt ebenfalls seinen Zweck. Samen keimt sogar auf einem Stück angefeuchteter Küchenrolle in einer verschlossenen Plastiktüte. Da aber weder das Vermiculit noch das Papier Nährstoffe enthält, müssen die gekeimten Sämlinge in ein geeignetes Substrat aus sandiger Erde gesteckt werden, sobald die Nahrungsvorräte aus dem Samen erschöpft sind. Üblicher ist jedoch die direkte Aussaat in eine solche Erdmischung.

Diese flachen, scheibenförmigen Samen stammen von einer Trompetenlilie, die größere Samen ausbildet als einige niedrigere Arten und Hybriden.

Samen kann unmittelbar nach der Ernte ausgesät werden oder erst gegen Ende des Winters oder in den ersten Frühlingstagen. Früh gereifter Samen, der im Spätsommer ausgesät wird, kann sofort keimen und noch vor Wintereinbruch kleine Zwiebeln und Blätter austreiben. Diese sollte man am besten unter Glas in einem luftigen Umfeld heranwachsen lassen und mit einem pilzhemmenden Mittel einsprühen, weil sonst Pilzbefall die Umfallkrankheit auslösen kann. Nicht von der Hand zu weisen ist allerdings das Argument, dass die Natur nur die direkte Aussaat kennt; normalerweise ist Samen im Boden tatsächlich am besten aufgehoben.

Wenn andererseits Samen richtig gelagert und gleich zu Beginn des Frühjahrs ausgesät wird, reifen die Sämlinge bei günstigeren Wetterverhältnissen sehr viel schneller heran, ohne den Gefahren des Winter ausgesetzt zu sein. Richtige Lagerung bedeutet, den sauberen, trockenen Samen mit reichlich Luft in ein geschlossenes Behältnis zu packen und dann kühl zu überwintern – im Kühlschrank beispielsweise, auf keinen Fall aber im Gefrierschrank.

KEIMUNG

Samen keimen je nach Lilientyp auf unterschiedliche Arten. Manche Samen beginnen ihr Wachstum, indem sie einen Spross austreiben, an dessen Ende sich eine Verdickung bildet, aus der sich dann die Zwiebel entwickelt. Der Spross krümmt sich zu einer Art Schlinge, die den Boden durchbricht und dann ihr freies Ende aufrichtet, um schließlich ein schmales, riemenartiges Keimblatt zu bilden. Die Zwiebel ist bald kräftig genug, um ihr erstes echtes, lanzettlich geformtes Blatt zu bilden. Diese Art der Keimung bezeichnet man als epigäische oder oberirdische Keimung.

Neben der epigäischen gibt es aber auch die hypogäische oder unterirdische Keimung. Bei dieser wächst aus dem Samen ein Spross rund 2,5 cm nach unten, um anschließend – meist unterhalb der Samenhülle – eine winzige Zwiebel zu bilden. Die Nährstoffvorräte im Samen werden dazu benutzt, den Spross und die Anfänge der kleinen Zwiebel mit ihren ersten Wurzeln auszubilden. Beginnen die Wurzeln dann mit der Nahrungsaufnahme, treibt die Zwiebel ihr erstes Blatt aus, und zwar ein richtiges, lanzettliches Blatt und nicht etwa ein Keimblatt. Dies ist das erste Anzeichen einer erfolgreichen Keimung. Bei einigen Lilien bildet dieses einzelne Blatt während des ganzen ersten Jahres die ganze Belaubung.

Epigäische und hypogäische Keimung werden weiter unterteilt in sofortige Keimung, die innerhalb von vier bis sechs Wochen erfolgt, und eine stärker verzögerte Keimung, zu der es erst nach einigen Monaten kommt. Auf diese Weise erhalten wir vier Kategorien der Keimung: epigäische sofortige, epigäische verzögerte, hypogäische sofortige und hypogäische verzögerte. Bei weitem am häufigsten kommen die epigäische sofortige und die hypogäische verzögerte Keimung vor. Viele Gärtner säen mehr Samen mit epigäischer sofortiger Keimung aus als solche der anderen Typen, und glücklicherweise sind diese Pflanzen auch die unkompliziertesten. Wird nicht ausdrücklich etwas anderes geraten, sollten Sie Samen am besten unmittelbar nach der Ernte oder dem Kauf aussäen, da nicht fachgerecht gelagerter Samen an Keimkraft einbüßt.

AUSSAATZEITEN FÜR ALLE KATEGORIEN

Epigäische sofortige und hypogäische sofortige Keimung Früh geernteter Samen kann sofort ausgesät werden und sollte noch vor dem Winter zur Bildung kleiner Zwiebeln führen. Im Herbst oder noch später geernteter Samen sollte trocken und kühl bis zum Ende des Winters aufbewahrt und dann ausgesät werden. Lassen Sie jedem Samen rund 6 cm^2 Raum und halten Sie ihn feucht, aber nicht zu nass. Besprühen Sie ihn gleich zu Beginn mit einem Fungizid. Im Frühjahr ausgesäter Samen sollte schnell keimen und zunächst immer mehr Blätter in Form einer Rosette ausbilden, noch bevor er einen Stängel austreibt (was normalerweise erst im zweiten Jahr geschieht). Färben sich diese Blätter im Herbst gelb, können die Zwiebeln wüchsiger Arten schon etwa 2,5 cm dick sein. Zweck der Übung ist es, eine Zwiebel zu erhalten, die groß genug ist, um sie bis zum Herbst in ein Beet einzusetzen oder auch gleich an die Stelle, an der die Lilie später zur Blüte kommen soll. Langsamer wachsende können in Töpfen überwintert und ein weiteres Jahr lang vorgezogen werden.

Wüchsige Arten wie die Königslilie (*L. regale*) können zu Beginn des Frühjahrs in gemäßigten Klimazonen ins Freie gesät werden, und einige Zwiebeln wachsen schnell genug, um schon im zweiten Jahr zu blühen.

Epigäische verzögerte Keimung Säen Sie die Samen direkt aus den Schoten oder lagern Sie sie bis zum Ende des Winters ein. Einige Gruppen können zusammen keimen, während andere nacheinander ihr Wachstum beginnen.

Hypogäisch verzögerte Keimung Auf diese Weise keimen vor allem die Orientalischen Lilien und die Martagon-Lilien. Die Samen müssen zunächst etwa zwölf Wochen lang relativ warm bei etwa 21 °C stehen und bilden in dieser Zeit winzige Zwiebeln. Diese benötigen dann sechs Wochen eine kalte Umgebung, am besten knapp über dem Gefrierpunkt, um die Keimruhe der Zwiebeln zu brechen und die Pflanze zur Bildung der ersten Blätter anzuregen. Im Herbst ausgesäte und warm gehaltene Samen sind deshalb gegen Ende des Winters für ihre Kälteperiode bereit und sollten zu Frühlingsanfang die ersten Blätter bilden.

Die Samen der Türkenbundlilie (*L. martagon*) sowie ihrer Verwandten und Hybriden reifen früh aus. Werden sie gleich nach der Ernte ausgesät, bekommen sie ihre warme Periode auf natürliche Weise, gefolgt von der Kälte des Winters, um dann im Frühjahr die ersten Blätter auszutreiben.

EINFACHE AUFZUCHT MIT SAMEN

1) Säen Sie den Samen gegen Ende des Winters in Töpfe in ein Substrat aus Mutter- oder Lehmboden oder in eine Mischung aus gleichen Teilen Humus, Kies oder groben Sand oder fertige Aussaaterde. Füllen Sie die Töpfe bis 2,5 cm unter dem Topfrand, säen Sie die Samen in Abständen von rund 1 cm und decken Sie sie mit einer 1 cm dicken Kiesschicht ab.

2) Stellen Sie die Töpfe ins Wasser, bis sie sich voll gesogen haben, lassen Sie überschüssiges Wasser ablaufen und packen Sie sie in Plastiktüten, oder graben Sie sie bis zum Rand in ein Beet ein und decken Sie sie mit Kunststoff oder Glas ab. Schnell keimender Samen braucht vier bis sieben Wochen, verzögert keimender kommt erst im nächsten Jahr.

3) Ziehen Sie die Sämlinge ein oder zwei Jahre im Topf vor – oder so lange, bis sie einen Stängel bilden. Pflanzen Sie sie in der ersten Frühjahrshälfte oder im Frühherbst in gut durchlässigen Boden und halten Sie sie bis zum Ende des Herbstes feucht. Oft bekommt man schon im zweiten Jahr die ersten Blüten von *L. amabile*, *L. pumilum*, *L. regale*, *L. formosanum* und *L. longiflorum*.

Der Samen Orientalischer Lilien kann zu Winterbeginn in Töpfe gesät werden. Sie können aber auch ein paar saubere Gläser mit Schraubverschluss verwenden. Feuchten Sie etwas Vermiculit mit Wasser an, lassen Sie überschüssiges Wasser ablaufen und füllen Sie eine Hand voll in jedes Glas. Weichen Sie die Samen über Nacht in Wasser ein. Legen Sie sie mit einem Schildchen ins Glas. Schrauben Sie das Glas fest zu, schütteln Sie es und kleben Sie ein Etikett auf die Außenseite. Ein Teil des Samens sollte in der Nähe der Wand des Glases liegen, damit Sie die Keimung verfolgen können, nachdem Sie die Gläser an einen 21 °C warmen Ort gestellt haben.

Nach etwa drei Monaten werden Sie die ersten kleinen Zwiebeln sehen. Wenn diese voll entwickelt sind und mit der Wurzelbildung beginnen, können Sie sie aus dem Glas holen und in sandige Erde setzen. Stellen Sie die Töpfe an einen kühlen Ort. Bei Erscheinen der ersten Blätter sollten Sie den Töpfen etwas mehr Wärme gönnen und für ausreichend Feuchtigkeit sorgen. Sie können aber auch den kleinen Zwiebeln in ihren Glasbehältern ihre Kühlphase geben, bevor Sie sie herausnehmen. Hat dann die Bildung von Wurzeln und Blättern eingesetzt, holen Sie die jungen Zwiebeln heraus, sobald sie ein Blatt haben, das groß genug zum Anfassen ist.

Neue Lilien züchten

Jeder kann neue Lilien züchten. Der Vorgang an sich ist einfach, die Freude über den Erfolg riesig. Da professionelle Züchter vor allem auf Schnittblumen fixiert sind, kann man nur hoffen, dass einige von ihnen verschmähte Neuzüchtungen – Lilien mit nach außen gerichteten oder hängenden Blüten – wenigstens in den Handel mit Gartenzwiebeln gelangen. Amateurzüchter könnten gerade mit Pflanzen dieses Habitus gute Arbeit leisten – und wenn es nur zum eigenen Vergnügen ist.

Sorten haben oft einen recht komplizierten Stammbaum, und so können aus selbst bestäubtem Samen leicht Sämlinge wachsen, von denen keiner der Mutterpflanze groß ähnlich sieht. Dennoch gibt es immer eine Reihe gemeinsamer Merkmale, und sei es nur die Blattform, die Höhe der Pflanze oder der Zeitpunkt der Blüte. Jeder Gärtner kann sich Gedanken machen, wie sie in bestimmten Punkten durch Einbringen eines Teils des Erbmaterials einer anderen Lilie verbessert werden könnte. Fremdbestäubung kann entweder zum erwünschten Erfolg führen oder Überraschungen mit neuen Kombinationen von Merkmalen bereithalten.

DIE TECHNIK

Die Staubgefäße von Lilien produzieren meist große Mengen Pollen, die entfernt werden sollten, um eine Selbstbestäubung zu verhindern (siehe gegenüber). Die Narben werden klebrig, wenn der Höhepunkt ihrer Aufnahmebereitschaft erreicht ist; dies ist meist einen Tag nach dem Öffnen der Blüte der Fall, und zu diesem Zeitpunkt sollte auch die Bestäubung per Hand durchgeführt werden. Blühen die ausgewählten Partner gerade nicht gleichzeitig, können Sie Pollen für den späteren Gebrauch aufheben. Entfernen Sie die Staubgefäße, bevor der Pollen verloren geht, und stecken Sie sie in kleine Plastikbehälter wie Filmdöschen oder Tablettenröhrchen. In frischem Zustand sind die Staubgefäße feucht; lassen Sie deshalb die Döschen so lange offen, bis die Staubgefäße ganz trocken sind. Dann verschließen Sie sie und legen sie in den Kühlschrank. So hält sich Pollen wochen- oder monatelang.

Nach der Bestäubung sollten Sie die Blume mit Etiketten versehen. Dabei ist es üblich, den Samen der Mutterpflanze zuerst zu schreiben, sodass die Beschriftung 'Sorbet x Lollipop' bedeutet, dass 'Sorbet' die Mutterpflanze ist, dessen Narbe den Pollen von 'Lollipop' erhalten hat. Die Bestäubungen können meist im Garten stattfinden, bei eingetopften Zwiebeln aber auch unter Glas. Letzteres hat den Vorteil, dass die Blüten sich früher entfalten und der Samen früher reif ist. Zudem kann die wärmere und feuchtere Luft im Treibhaus die Bestäubung erleichtern.

Im einfachsten Fall wird ein Merkmal von einem einzelnen Gen mit zwei Formen (Allelen) bestimmt. Flecken auf den Blüten könnten beispielsweise auf ein solches Gen zurückgeführt werden, wenn eine Form eine solche Tüpfelung aufweist und die andere nicht. Eine Asiatische Lilie, die Gene von beiden Elternteilen erbt, deren Blüten jeweils getüpfelt sind, wird natürlich auch getüpfelte Nachkommen

LILIEN VON HAND BESTÄUBEN

Um eine Selbstbestäubung zu verhindern, entfernen Sie die Staubgefäße von Hand oder mithilfe einer Pinzette – am besten, bevor sie ihren Pollen freigeben.

Bestäuben Sie die Narbe über und über mit dem fremden Pollen, indem Sie ein Staubgefäß des Pollenspenders über die Narbe ziehen oder den Pollen mithilfe eines kleinen Wasserfarbenpinsels übertragen.

haben. Wird ein Paar von Genen ohne Tüpfel geerbt, bleibt auch die Blüte des Abkömmlings tüpfellos. Erbt eine Pflanze jedoch beide Genformen, fallen die Blüten getüpfelt aus. Ein getüpfeltes Individuum mit einem rezessiven Gen für tüpfellose Blüten gibt dieses durch die Hälfte seiner Eizellen und die Hälfte seiner Pollen weiter. Kommt es bei diesem Individuum zur Selbstbefruchtung, kommt der rezessive Effekt nur zum Tragen, wenn sich ein rezessives Gen mit einem anderen verbindet; die statistische Chance dafür ist eins zu vier.

ZUCHTPLÄNE

Selbst bei einem Zuchtvorgang im kleinsten Maßstab sollten Sie klare Vorstellungen haben, auf was Sie hinauswollen. Da eine einzige Samenschote 50 bis 100 Samen enthalten kann, ist eine gewisse Umsicht anzuraten. Für Hobbyzüchter eröffnen sich jedenfalls grenzenlose Möglichkeiten. So gibt es relativ wenige LA-Hybriden und Asiatische Lilien, deren Blüten nach außen oder nach unten gerichtet sind, was vielen Blumenliebhabern anmutiger erscheint als die zahlreichen aufrecht blühenden Sorten. Und während die meisten Asiatischen Lilien nicht duften, strömen einige wenige ein dezentes Aroma aus; viele Gärtner würden eine Reihe duftender Neuheiten begrüßen.

Wenn Sie Pflanzen mit zierlichen Blütenständen möchten, sollten Sie es vielleicht einmal mit Lilienarten wie *L. pumilum* versuchen. *L. amabile* und ihre gelbe Form *L. amabile* var. *luteum* kann zusammen mit der kleinen *L. concolor* eingesetzt werden, um glänzendere Blütenblätter zu erhalten. Diese Arten weisen eine gute Kalkverträglichkeit und Widerstandsfähigkeit gegen Krankheiten auf, die sie den von ihnen abstammenden Sämlingen mitgeben können. Auch aus der Feuerlilie (*L. bulbiferum*) mit ihrer frühen Blüte und ihrer Kalkresistenz lässt sich noch das eine oder andere herausholen, und *L. dauricum* oder *L. wilsonii* mit ihren charakteristischen Blüten lassen sich leicht mit allen möglichen anderen Lilien kreuzen. Hängende Blüten lassen sich unter Verwendung von Arten wie *L. pumilum*, *L. davidii* und der Tigerlilie (*L. lancifolium*) erzielen.

Von den Martagon-Hybriden können Gärtner nie genug bekommen, und gerade das ist auch das ideale Betätigungsfeld für Anfänger. Mithilfe der ungewöhnlichen orangefarbenen *L. tsingtauense* mit ihren aufrechten Blüten und ihrer wie poliert wirkenden Oberfläche könnten unter den Abkömmlingen der Türkenbundlilie noch immer neue Möglichkeiten erschlossen werden.

Anhang

Klassifizierung der Lilienarten

Combers weitgehend akzeptierte Klassifizierung von 1949 geht von sieben Sektionen aus: Martagon-Sektion, Amerikanische Sektion, Candidum-Sektion, Orientalische Sektion, Asiatische Sektion, Trompetenlilien-Sektion und Dauricum-Sektion. Die Lilien der Martagon-Sektion gelten noch vor den Lilien der Amerikanischen Sektion als die ursprünglichsten und stehen den »Ur-Lilien« am nächsten. Die Einteilung basiert auf verschiedenen Faktoren, die hier in der Reihenfolge ihrer Wichtigkeit aufgelistet sind.

Keimung
(a) hypogäisch (oberirdisch)
(b) epigäisch (unterirdisch)
(a) verzögert – nach einigen Monaten
(b) sofort – nach vier bis sieben Wochen

Verteilung der Blätter
(a) in Wirteln, d. h. in Ringen von Blättern auf derselben Ebene (b) wechselständig

Zwiebelschuppen
(a) tailliert (b) ganz

Samengewicht
(a) schwer (b) leicht

Zwiebelform und -habitus
(a) aufrecht (b) subrhizomatös (c) Rhizom bildend (d) Stolonen bildend

Blütenblätter
(a) mit Papillen besetzt (b) glatt

Nektarium
(a) fein behaart (b) unbehaart

Blütenform
(a) turbanförmig (b) trompetenförmig

Zwiebelfarbe
(a) weiß (b) purpur

Habitus des Stängels
(a) aufrecht (b) stoloniform

Blattstiele
(a) mit Blattstiel (b) mit kaum erkennbarem oder ohne Blattstiel

Stigma
(a) groß (b) klein

Wurzeln am Stängel
(a) vorhanden (b) keine

Stängel pro Zwiebel
(a) einer (b) gelegentlich mehr als einer

Weitere Arten
(ergänzend zu den im Haupttext (Seite 42–67) beschriebenen)

ANDERE MARTAGON-ARTEN (Sektion 1)

L. distichum Diese Spezies aus Zentralkorea, Nordostchina und benachbarten Gebieten wächst auf Waldböden unter kühlen Bedingungen. Sie hat wenige horizontal stehende oder leicht geneigte Blüten auf Stängeln, die bis zu 1 m Höhe erreichen können, meist jedoch nur halb so hoch werden. Gut bestückte Stängel tragen etwa ein Dutzend Blüten. Das Blattwerk beschränkt sich auf einen einzigen Wirtel und vielleicht noch ein paar wenige wechselständige Blätter darüber. Die schmalen Blütenblätter öffnen sich nach außen und sind nur an den Spitzen zurückgebogen. Ihre Farbe liegt zwischen Orange und Hellrot, gelegentlich ergänzt von ein paar Schönheitsflecken.

L. medeoloides Diese ebenfalls aus Korea und seinen Nachbarländern stammende Art gehört unübersehbar zum Martagon-Typus, aber in diesem Fall handelt es sich um eine Miniaturversion mit Stängeln mit nur einem Blattwirtel und einer Höhe von meist unter 60 cm. Die Blütenblätter ihrer hängenden Blüten sind zurückgebogen, aber nicht so extrem wie bei der Türkenbundlilie, und ihre Blüten sind in einem satten Orange mit dunklen Flecken gehalten; es gibt aber auch rote Formen. Die Pflanze benötigt durchlässigen, humosen Boden.

ANDERE AMERIKANISCHE ARTEN (Sektion 2)

Sektion 2a
L. bolanderi Die schlanken, drahtigen, zwischen 45 cm und 1,2 m hohen Stängel dieser Lilie tragen ein paar wenige Blüten, die bei den besten Formen außergewöhnlich tief burgunderrot sind, bei anderen dagegen eher in einem trüben Orangerot. Ihre trichterförmigen Blüten stehen waagerecht oder leicht geneigt, die Spitzen der Blütenblätter sind leicht zurückgebogen.

L. columbianum Weit verbreitete, normalerweise rund 1 m hohe Art mit mittelgroßen, leuchtend orangefarbenen und kastanienbraun getüpfelten Blüten. Die Farbe kann variieren; manche Exemplare sind rot. Meist reich blühend mit nickenden Blüten. Relativ leicht aus Samen zu ziehen, aber nicht immer allzu langlebig.

L. humboldtii Diese Pflanze ähnelt der Tigerlilie, weist aber die für nordamerikanische Lilien üblichen wirtelförmig angeordneten Blätter auf. Die nickenden, turbanförmigen Blüten sind orangegelb und außer an den Spitzen reichlich mit kastanienbraunen, manchmal von einem goldgelben Rand umgebenen Tüpfeln übersät. Diese Spezies ist kräftiger als andere und kann an einem guten Stängel 30 oder mehr Blüten tragen.

L. rubescens Selten und weitgehend wie *L. washingtonianum*, aber mit aufrechten, glockenförmigen Blüten. Die eine Hälfte eines jeden Blütenblatts bildet die Glocke, während die andere Hälfte nach außen zeigt und zusammen mit den anderen einen Stern bildet. Beim Öffnen ist die Blüte meist weiß, bevor sie sich auf dem Höhepunkt ihrer Entwicklung zu einem rötlichen, zwischen Pink und Mauve liegenden Ton und kurz vor dem Absterben schließlich in Purpurrot verfärbt. Manche Exemplare sind an der Basis purpurrot gesprenkelt, und bei einigen Formen überzieht diese Sprenkelung fast die ganze Blüte. Für eine erfolgreiche Kultivierung gibt es keine goldenen Regeln; unverzichtbar ist jedoch eine sehr gute Drainage und durchlässiger Boden.

L. washingtonianum Diese selten kultivierte Lilie hat waagerechte, weiße Trompetenblüten, die genauso purpurrot getüpfelt sind wie mitunter auch die Basis gefärbt ist.

Sektion 2b
L. maritimum Eine weitere, an der Küste wachsende Spezies aus Gegenden südlich der Heimat von *L. occidentale* (siehe unten). Ihre orangeroten, getüpfelten Blüten sind ganz leicht zurückgebogen.

L. nevadense Diese im Binnenland Kaliforniens und Nevadas anzutreffende Art wirkt wie eine halb so große Verwandte der Pantherlilie (*L. pardalinum*), duftet aber.

L. occidentale Diese Lilie gedeiht in einem Streifen an der Pazifikküste im nördlichen Kalifornien und im Süden Oregons, wo sie mittlerweile als bedrohte Art gilt. Ihre Zwiebeln wachsen in Erdhügeln, die aus nassen, sumpfigen Gebieten ragen. Die nickenden roten Blüten mit orangefarbener und grüner Basis haben stark zurückgebogene Blütenblätter. Höhe 60 cm bis 1,5 m.

L. parryi Sehr leichtgewichtige Blattwirtel wachsen neben wechselständigen Blättern an drahtigen, 75 cm bis 1,5 m hohen Stängeln mit je zehn oder mehr weit geöffneten, goldgelben, glocken- bis trompetenförmigen Blüten, die normalerweise kein bisschen ins Orange spielen. Einmal habe ich an einem einzigen Stängel 80 Blüten gezählt.

L. parvum Diese Lilie wächst in den Hügeln hinter dem Verbreitungsgebiet von *L. occidentale* und *L. maritimum*. Aus hängenden Knospen entfalten sich kleine, glockenförmige, fast schon waagerecht stehende Blüten in sattem Orange, das in der Blütenmitte in Goldgelb und Grün übergeht. Die 1,2 bis 1,8 m hohen Stängel tragen jeweils zwölf bis 25 Blüten.

L. vollmeri Eine Pflanze in der Art der Pantherlilie (*L. pardalinum*), mit 60 bis 90 cm hohen, reichlich mit Wirteln schmaler Blätter ausgestatteten Stängeln, aber insgesamt schlanker gebaut. Ihre sechs oder mehr Blüten in leuchtendem Orange mit rotbrauner Tüpfelung und goldgelbem

Schlund weisen die charakteristische turbanartige Form auf. Früher wurde die Pflanze unter dem Namen *L. roezlii* geführt.

L. wigginsii Diese von den bewaldeten Hängen Oregons und Kaliforniens stammende Lilie ist eine gefällige Pflanze, die im Prinzip auch im Garten gedeiht, auch wenn sie sich nicht gerade sehr schnell ausbreitet. Sie hat aufrechte Blätter an dunkelgrünen, 60 cm bis 1,5 m hohen Stängeln. Der pyramidenförmige Blütenstand kann 10 bis 25 nickende, bernsteinfarbige Blüten tragen, die mit winzigen purpurroten Tüpfeln übersät sind. Ihre schmalen Blätter und Blütenblätter geben der Pflanze ein eher zartes Aussehen. Sie benötigt kühlen, humosen Boden.

Sektion 2c
L. carolinianum (syn. *L. michauxii*) Von dieser selten kultivierten Lilie sind meist weder Zwiebeln noch Samen erhältlich. Die Spezies wächst in trockenen, durchlässigen Böden in den südöstlichen Bundesstaaten der USA. Ihre Stolonen treibenden Zwiebeln bilden 30 cm bis 1 m hohe Stängel mit Wirteln relativ breiter, lanzettlicher Blätter, die an den Rändern gewellt sind. Die ein bis fünf hängenden, duftenden Blüten in der charakteristischen Form der Pantherlilie (*L. pardalinum*) leuchten in verschiedenen Schattierungen von Orangerot, haben aber einen blassgelben Schlund. Diese Lilie bildet an den Stängeln Wurzeln und bevorzugt kalkfreien Boden aus mit Humus angereichertem Sand.

L. iridollae Eine äußerst selten kultivierte Lilie mit winzigen Zwiebeln und kleinen goldgelben Blüten mit stark zurückgebogenen Blütenblättern. Ungewöhnlich ist, dass sie nach der Blüte einen Horst schmaler grundständiger Blätter bildet und diese nach Art der Madonnenlilie (*L. candidum*) über den ganzen Winter behält. Sie wird 45 cm bis 1,2 m hoch.

L. michiganense Eine weit verbreitete Spezies mit attraktiven, wachsartigen, orangeroten Blüten, die auf den unteren zwei Dritteln der Blütenblätter stark getüpfelt sind. Wie *L. canadense* hat sie lange, geneigte Blütenstiele, die sich erst am äußersten Ende nach unten biegen, sodass die Blüten vollständig hängen. Diese sind anfangs trichterförmig und biegen sich später stark zurück. Eine ausgewachsene Pflanze treibt drei bis sieben, in Ausnahmefällen auch einige Dutzend Stängel von 1,2 bis 1,5 m Höhe. Wie ihre Verwandten bevorzugt auch diese Lilie mit ihren Stolonen treibenden Zwiebeln tiefen, humosen Boden. Sie soll im Übrigen auch Kalk vertragen.

Sektion 2d
L. catesbaei Eine winzige Zwiebel treibt einen Miniaturstängel von ganzen 25 bis 45 cm Höhe mit wechselständig angeordneten Blättern aus, die sich mehr oder weniger dicht an den Stängel klammern. Die aufrechte, relativ große Blüte fällt durch Blütenblätter auf, die unten so schmal sind, dass man durch die Blüte hindurchschauen kann. Zu den Spitzen hin sind die Blütenblätter leicht zurückgebogen. Die schwer zu kultivierende Pflanze bildet im Herbst eine winzige Rosette schmaler Blätter, die den ganzen Winter versorgt werden wollen. Für den Garten ist diese Art kaum geeignet.

L. philadelphicum Eine kleine, zarte Wildblume, die nur hin und wieder kultiviert wird. Ihre 45 cm bis 1 m hohen Stängel sind mit wirtelförmig angeordneten Blättern besetzt. Aufrechte, orangerote Blüten, die an der Basis goldgelb getüpfelt sind; die Blütenblätter zeigen von diesem becherförmigen Unterteil aus nach außen.

ANDERE CANDIDUM-ARTEN (Sektion 3)

Sektion 3b
L. carniolicum Eine alpine Art mit rostroten, turbanförmigen Blüten. Der 45 cm bis 1 m hohe Stängel kann ein halbes Dutzend Blüten tragen; die zerstreut angeordneten Blätter sind an den Rändern sowie an den Adern auf der Unterseite leicht behaart.

L. carniolicum albanicum Eine kleinere Pflanze mit zitronen- oder goldgelben Blüten, die zu verschiedenen Zeiten schon als eigene Art, als Unterart und als Varietät geführt wurde; am einfachsten betrachtet man sie wohl als Varietät. *L. carniolicum* var. *jankae* ist eine weitere Varietät, aber mit gelben und orangefarbenen Blüten.

L. ciliatum Diese einst mit *L. pyrenaicum* und anderen Spezies verwechselte Lilie stammt aus der nördlichen Türkei. Große Zwiebeln bringen 60 cm bis 1,5 m hohe Stängel hervor, die mit langen, schmalen Blättern besetzt sind. Die am Rand behaarten Blätter fühlen sich rau an. Die mit winzigen Tüpfeln gesprenkelten Blüten sind elfenbeinfarben oder primelgelb, aber mit einem ins Purpur spielenden Zentrum. Die hängenden Blüten haben zurückgebogene Blütenblätter, sind aber weiter geöffnet als die turbanförmigen Blüten von *L. pyrenaicum*. Die Spezies ist zwar durchaus interessant, weist aber als Gartenpflanze keine besonderen Merkmale auf, die nicht auch andere Lilien hätten.

L. pomponium Eine gefällige Spezies aus den Seealpen mit 30 bis 75 cm hohen Stängeln, die reichlich mit grasähnlichen, schmalen Blättern besetzt sind und zartgliedrige Blütenstände mit je einer bis zehn kleinen, nickenden, turbanförmigen Blüten tragen. Die kräftig strukturierten, leuchtend orangeroten Blüten sind mit winzigen Tüpfeln übersät, ohne aber die lackähnliche Oberfläche von *L. chalcedonicum* zu besitzen.

Sektion 3c
L. polyphyllum Eine Spezies aus dem Himalaja, die für eine Kultivierung wenig geeignet ist, da sie feuchte Winter gar nicht mag. Obwohl manche Gärtner schon 2,1 m hohe Stängel mit bis zu 30 Blüten gesehen haben wollen, liegt das Normalmaß eher bei 1,2 m hohen Stängeln mit je sechs Blüten. Die hängenden Blüten sind außen weiß bis elfenbeinfarben, innen dagegen eher cremefarben mit einem Hauch von Mauve und malven- bis purpurfarbenen Längsstreifen. Die Blütenblätter bilden einen Trichter, bevor sie sich öffnen und eventuell ein wenig zurückbiegen.

ANDERE ORIENTALISCHE ARTEN (Sektion 4)

Sektion 4c
L. japonicum Eine anmutige, weit geöffnete, pinkfarbene Trompetenlilie, die sich in Neuseeland, Teilen Australiens und Oregon besser entwickeln dürfte als in Mitteleuropa. Die drahtigen Stängel sind mit schlanken, dunklen Blättern besetzt und tragen ein bis drei stark duftende, waagerecht stehende Blüten.

L. nobilissimum Eine weiße Trompetenlilie von einer der südlichen japanischen Inseln. Das reine Weiß der tiefen Blüten mit einem Durchmesser von 10 cm wird durch die grüne Außenseite und die goldgelben Antheren besonders hervorgehoben. Die Pflanze kann bis zu sechs duftende Blüten haben, die sich auf 75 cm bis 1,2 m hohen Stängeln entfalten. In gemäßigten Breiten eignet sich diese Lilie noch am ehesten als Gewächshauspflanze.

Sektion 4d
L. brownii Diese Lilie wirkt wie eine ganz besondere, traditionelle weiße Trompetenlilie, ist aber in Wirklichkeit eine Orientalische Lilie mit so unterschiedlichen Verwandten wie der Prachtlilie (*L. speciosum*) und der Goldbandlilie (*L. auratum*). Ihre 1 bis 1,2 m hohen, geneigten Stängel sind reichlich mit schmalen Blättern bestanden, über die sich die sehr großen, in dunklem Mahagoni gehaltenen Knospen erheben. Die strahlend weißen geöffneten Blüten haben einen goldgelben Schlund und schokoladebraune Staubgefäße, die der Pollen schon bald goldgelb färbt. Es gibt auch Formen mit helleren, eher ins Pink spielenden Knospen. Die Form *L. brownii* var. *australe* ist in der Regel die wüchsigste; sie kann leicht das Doppelte der normalen Höhe erreichen. Ihre Knospen können grünlich ausfallen, und ihre Blüten sind ebenso groß oder größer als die der Spezies, während die Blätter noch schmaler sein

können. Ich habe diese Spezies schon mit Erfolg kultiviert, wenn auch leider nie über einen längeren Zeitraum. Die aus zahlreichen schmalen Schuppen bestehenden Zwiebeln wachsen eine Zeit lang recht gut, bis sie plötzlich aus unerfindlichen Gründen eingehen.

ANDERE ASIATISCHE ARTEN (Sektion 5)

Sektion 5a

L. papilliferum Eine selten kultivierte, kleinwüchsige Art, deren Blüten ein wenig an die dunklen Formen der Türkenbundlilie (*L. martagon*) erinnern, obwohl ihre Blätter wechselständig sind. Sie wird normalerweise rund 45 cm hoch, kann aber auch die doppelte Höhe erreichen. Die Blütenblätter sind kräftig zurückgebogen. Ihr tiefes Kastanienbraun spielt in dunkles Aubergine, vor dem die orangefarbenen Staubgefäße besonders kräftig leuchten. Die Pflanze hat bis zu vier oder fünf stark duftende Blüten. Sie gedeiht in alkalischen bis leicht sauren Böden. Die Erdoberfläche durchbricht sie als eine der Letzten, und entsprechend spät – erst gegen Ende des Sommers – blüht sie auch.

Sektion 5b

L. amabile Eine der leichter zu kultivierenden Arten und eine der vielen, die an der Züchtung der Asiatischen Hybriden beteiligt waren. Die nickenden, turbanförmigen roten Blüten mit schwarzen Tüpfeln hängen an 45 cm bis 1 m hohen Stängeln. Die Pflanze entwickelt, besonders an den weniger dicken Stängeln, zahlreiche Brutzwiebeln.

L. callosum Die schlanken, aber kräftigen, 1 bis 1,2 m hohen Stängel dieser Lilie tragen in der Regel fünf bis sechs Blüten. Die turbanförmigen Blüten öffnen sich später als bei vielen anderen. Sie sind zunächst in einem recht glanzlosen Rot gehalten, das aber, je mehr sie sich entfalten, allmählich in ein leuchtenderes Orange übergeht. Die kurzen Blütenstiele lassen die Blütenstände etwas schmal erscheinen. Die Pflanze ist zwar relativ leicht aus Samen zu ziehen, hat sich bislang jedoch nie als sonderlich langlebig erwiesen. Es gibt auch eine gelbe Form: *L. callosum* var. *flaviflorum*.

L. cernuum Diese Lilie hat nickende, turbanförmige Blüten in einem ins Blasslila spielenden Pink mit hellerem Zentrum, in dem sich auch ein paar kleine Tüpfel finden. Die drahtigen, 45 bis 75 cm hohen Stängel besitzen schmale Blätter. Von der zierlichen Pflanze mit nur wenigen Blüten pro Stängel stammt die Pinkfärbung der Asiatischen Hybriden. Die kalkresistente Zwiebel entwickelt sich rasch aus Samen.

L. concolor Diese hübsche kleine Pflanze nimmt mit ihren sternförmigen, aufrechten Blüten unter den Asiatischen Lilien eine Sonderstellung ein. Farblich ähnelt sie mit ihrem satten, leuchtenden Orange *L. pumilum*. Die aufrechten Stängel sind ganze 30 bis 40 cm hoch und tragen selten mehr als drei oder vier der weit geöffneten Blütensterne. Die Zwiebeln haben meist etwa die Größe von Murmeln. Die robuste und gefällige Pflanze wächst schnell aus Samen, der rasch ausgesät werden sollte, da er nur kurze Zeit keimfähig ist.

L. fargesii Die schlanke, *L. callosum* ähnliche Pflanze ist für den Gärtner nicht sonderlich interessant. Sie hat nickende, grünlich weiße Blüten mit Flecken in dunklem Lila. Oft ist es nur eine Blüte pro Stängel, es können aber auch bis zu sechs werden. Nach dem kurzen, geweiteten Schlund sind die Blütenblätter stark zurückgebogen. Die Lilie hat dünne, wechselständige Blätter.

L. pumilum Die lange unter der Bezeichnung *L. tenuifolium* kultivierte hübsche kleine Pflanze wächst aus kleinen Zwiebeln, die kaum größer sind als Murmeln und aus ein paar wenigen sehr kompakten Schuppen bestehen. Sie hat aufrechte Stängel von 30 bis 60 cm Höhe, die in Ausnahmefällen sogar fast doppelt so hoch werden können und von schmalen, grasartigen Blättern umfasst werden. Je nach Stärke der Zwiebel kann man sich an bis zu 20 rundlichen Blüten in glänzendem Scharlachrot erfreuen. Selbst die kleinsten Zwiebeln kommen fast mit Sicherheit zur Blüte. Die robuste kleine Pflanze hält leicht ein paar Jahre durch, sofern man ihr nicht erlaubt, sich zu stark auszusamen. Offensichtlich sichert die Natur so den Fortbestand der Art, die in Sibirien, im Nordosten Russlands und im Norden Chinas anzutreffen ist.

Sektion 5c

L. amoenum Ähnelt stark der Gattung *Nomocharis*. Aus kleinen Zwiebeln entwickeln sich bis zu 30 cm hohe Stängel mit ein bis drei hängenden, schalenförmigen Blüten zwischen Mauve und Pink. In Gärten ist die Pflanze nur selten zu finden.

L. bakerianum Diese Lilie ist an der problematischen Grenze der Gattung zu den Gattungen *Nomocharis* und *Fritillaria* angesiedelt. Eine heikle, selten kultivierte Zwiebel mit Stolonen treibendem Stängel aus den höher gelegenen Teilen Burmas und Westchinas, die lediglich 30 bis 75 cm hoch wird. Die nickenden, trichter- bis glockenförmigen elfenbeinfarbenen Blüten sind an der Außenseite mit Grün überzogen und innen mahagonifarben getüpfelt.

L. exanthum Diese nur rund 20 cm hohe Lilie erinnert stark an eine Schachbrettblume (*Fritillaria*). Am Stängel hängt eine einzelne glockenförmige, gelbe oder zitronengelbe Blüte. Ein paar Liebhaber dieser Pflanze versuchen, sie zu kultivieren, aber leicht dürfte das nicht werden. In freier Natur wächst sie in trockenem Rhododendron-Moorland.

L. henricii Eine weitere Lilie, die stark an eine *Nomocharis* erinnert. Die seltene Art gedeiht unter Kulturbedingungen besser in kühlen, sauren Böden, die während der Wachstumsperiode nie ganz austrocknen, in denen sich aber auch keine Staunässe bilden kann. Die Pflanze hat weite, glockenförmige Blüten mit langen, spitz zulaufenden Blütenblättern, die nicht ganz gerade, sondern ein wenig schräg herabhängen und in einem blassen Pink oder einem hellen, rosigen Purpur gehalten sind. Die Pflanze wird 60 bis 90 cm hoch.

L. nanum Von allen winzigen Lilien aus dem Hochland Burmas, Westchinas, Nepals, Sikkims und ähnlichen Gegenden wird *L. nanum* am häufigsten kultiviert. Die anderen Arten stellen selbst für den erfahrensten Lilienfreund eine Herausforderung dar, sodass kaum anzunehmen ist, dass sie sich jemals als Gartenpflanzen durchsetzen werden. *L. nanum* dagegen erfreut sich bei Steingartenfreunden großer Beliebtheit. Ihre 15 cm hohen Stängel haben mehrere grasähnliche Blätter und eine einzige nickende, offene Blüte in glänzendem Schokoladen- bis Kastanienbraun. Die Farbe variiert; einige Formen sind mauve oder pinkfarben, und *L. nanum* var. *flavidum* hat zartgelbe nickende Blüten. Die Pflanze benötigt kiesigen, gut durchlässigen Boden.

L. paradoxum Eine der seltensten Lilienarten überhaupt, denn sie findet sich nur in kleiner Zahl an den mit Geröll bedeckten Hängen zweier Pässe im südöstlichen Tibet. Gegenwärtig wird die Pflanze nicht kultiviert. Sie steht der Gattung *Nomocharis* so nahe, wie es für eine Lilie nur denkbar ist. Die 20 bis 45 cm hohe Pflanze hat zwei bis vier Blattwirtel und darunter noch ein oder zwei vereinzelte Blätter. Ihre nickenden Blüten erinnern an eine Schachbrettblume, auch wenn die Blütenblätter nicht zurückgebogen sind. Sie sind dunkelrot mit einer ins dunkle Purpurrot spielenden Beimischung besonders an der Außenseite – eine Farbe, die sich am besten als kräftiges Mahagoni beschreiben lässt.

L. primulinum Die Pflanze ist verwandt mit *L. nepalense*, aber mit 1 bis 1,8 m Höhe größer und bislang offenbar recht schwer zu kultivieren. Sie hat dieselben fleischigen Blüten in meist gelblichem Grün, die aber im Zentrum fast schon zu großzügig mit dunklem Kastanienbraun übermalt sind. Sie ist unterschiedlich in Höhe, Blütengröße und Färbung, und es gibt sogar

Formen, die keine Spur der purpurnen Tönung in der Mitte der Blüten aufweisen, die normalerweise typisch für die Art ist. Die Blätter können bis zu 12 cm lang und 2,5 cm breit werden. Die Blütenblätter der größeren Formen erreichen ausgestreckt 10 bis 13 cm, sind aber stark zurückgebogen.

L. sempervivioideum Eine winzige Pflanze, die *L. amoenum* ähnelt. Sie hat ein oder zwei weiße, karmesinrot getüpfelte Blüten an nur 15 cm hohen Stängeln.

L. sheriffiae Eine Rarität, die leicht für eine Schachbrettblume gehalten werden könnte. An 30 bis 60 cm hohen Stängeln hängen ein oder zwei glockenförmige Blüten mit den Farben und der Zeichnung der Schachbrettblume: Außen sind sie dunkelbraun und purpurrot, während sie innen zitronengelb kariert sind.

L. souliei Die bereits 1898 entdeckte Pflanze ist bis heute nie wirklich erfolgreich kultiviert worden. Obwohl sie mitunter schon aus Samen gezogen wurde, neigen die Jungpflanzen dazu, abzusterben. Zunächst wurde die 20 bis 45 cm hohe Lilie mit ihren nickenden Blüten in dunklem Karmesin- bis Purpurrot als Schachbrettblume beschrieben. Die duftenden Blüten stehen meist allein, gelegentlich aber auch paarweise. Die Blütenblätter sind 3 cm lang.

ANDERE ARTEN VON TROMPETENLILIEN (Sektion 6)

Sektion 6a
L. sargentiae Die leuchtend weißen, trichterförmigen Blüten öffnen sich nach denen der Königslilie (*L. regale*). Die seltene Pflanze wird kaum kultiviert und überlebt im Garten nur mit Mühe. Ihre Knospen sind meist purpurrot, zum Teil auch stärker ins Grünliche als ins Purpur gehend; die Blüten sind manchmal mit einem Hauch Pink überzogen. Diese Lilie bringt an den Blattachseln Brutzwiebeln hervor.

L. sulphureum Dies ist eine weitere späte Trompetenlilie, die nur sehr selten kultiviert wird. Sie hat große blassgelbe Blüten und ist anfällig für Viruskrankheiten.

Sektion 6b
L. brownii Botanisch wird *L. brownii* zur Sektion der Orientalischen Lilienarten gezählt, aber aus der Sicht des Gärtners ist sie einfach eine weiße Trompetenlilie. Oben ist sie unter ihren botanischen Verwandten aufgelistet.

L. formosanum Diese variable Art stammt aus Taiwan, früher Formosa genannt. Die näher am Meer wachsenden Pflanzen sind mit bis zu 1,8 m relativ groß, aber je höher sich die Spezies die Berghänge hinaufzieht, desto mehr schrumpft sie zusammen, bis sie nur noch ganze 15 cm erreicht. Die Blüten dagegen sind, unabhängig von der Höhe der Pflanze, immer gleich geformt: sehr schmal im Schlund, aber zur Mündung hin immer weiter. Die Knospen sind normalerweise in einem dunklen Ton zwischen Purpurrot und Kastanienbraun gehalten, die geöffneten Blüten dagegen weiß mit goldenem Schlund, obwohl oft genug ein Schatten der äußeren Färbung hindurchschimmert wie durch feinstes Porzellan. Die Zwergformen mit dem Namen *L. formosanum* var. *pricei* sind in der Gartenkultur noch am häufigsten anzutreffen. Mit ihren drahtigen Stängeln, den schmalen Blättern und den überraschend großen trichterförmigen Blüten – nur eine pro Stängel – wirkt die Pflanze ein wenig wie ein Clown. Ich hatte schon Zwiebeln dieser Lilie, die ohne jede Pflege jahrelang im Freien ausgehalten und nur wenige Wochen nach der Königslilie (*L. regale*) geblüht haben.

L. neilgherrense Eine interessante Art, weil sie – wenn auch nur äußerst selten – in den Bergen Südindiens anzutreffen ist und damit näher am Äquator als jede andere Lilie. In den meisten Gegenden überlebt die Lilie mit ihren großen weißen Trompetenblüten mit zitronengelbem

Falsche Lilien

Auch die Blüten anderer Pflanzen ähneln denen von Lilien. Dies spiegelt sich in ihrem allgemein gebräuchlichen Namen wider. Andere tragen aus anderen Gründen den Begriff »-lilie« in ihrem Namen, ohne zur Gattung Lilium zu gehören. Die bekanntesten sind im Folgenden aufgeführt, und zwar zur Vermeidung von Verwechslungen zusammen mit ihren botanischen Namen.

Deutscher Name	Gattung/Art
Ährenlilie	*Narthecium*
Ästige Graslilie	*Anthericum ramosum*
Astlose Graslilie	*Anthericum liliago*
Belladonna-Lilie	*Amaryllis belladonna*
Fackellilie	*Kniphofia*
Graslilie	*Anthericum*
Grünlilie	*Chloroophytum*
Guernseylilie	*Nerine* var. *sarniensis*
Hakenlilie	*Crinum*
Inka-Lilie	*Alstomeria*
Jakobslilie	*Sprekelia*

Deutscher Name	Gattung/Art
Junkerlilie	*Asphodeline*
Krötenlilie	*Tricyrtis*
Lilien-Funkie	*Hosta plantaginea*
Lilienschweif	*Eremurus*
Liliensimse	*Tofieldia*
Palmlilie	*Yucca*
Pankrazlilie	*Pancratium*
Paradieslilie	*Paradisea liliastrum*
Riesenlilie	*Cardiocrinum*
Schmucklilie	*Agapanthus*
Schopflilie	*Eucomis*

Deutscher Name	Gattung/Art
Schopflilie	*Kniphofia*
Schwertlilie	*Iris*
Simsenlilie	*Tofieldia*
Späte Faltenlilie	*Lloydia serotina*
Steppenlilie	*Eremurus*
Taglilie	*Hemerocallis*
Waldlilie	*Trillium*
Zwerglilienrasen	*Ophiopogon japonicus*

Schlund nur im Treibhaus. Auch vollständig gelbe Formen wurden bereits beobachtet.

L. philippinense Eine weitere von einer Insel stammende Trompetenlilie mit Knospen, die manchmal purpurrot angehaucht sind, und weißen, an der Innenseite der Basis grünlichen, trichterförmigen Blüten. Sie wird 30 cm bis 1 m hoch.

L. wallichianum Eine sehr spät blühende, nicht allzu große Lilie, die sich sehr gut in Töpfen macht. Die recht kleinen Zwiebeln beginnen erst spät mit dem Wachstum und warten in einem ungeheizten Gewächshaus mit der Blüte oft bis zum Herbst. Die Pflanze hat bezaubernde, fein strukturierte weiße Trompetenblüten mit schmaler Basis, von der aus sie sich zur Mündung hin weit öffnen. Die aus dem Himalaja stammende Pflanze ist unter Glas, wo sie rasch an Größe zulegt, leicht zu ziehen.

DIE DAURICUM-SEKTION (Sektion 7)
L. dauricum, L. maculatum, L. wilsonii

Charakteristische Merkmale: sofortige oberirdische Keimung, wechselständige Blätter mit Blattstielen, taillierte Schuppen, Blütenblätter mit Papillen, behaartes Nektarium, aufrechte Blüten, aufrechte weiße Zwiebeln, Stolonen treibende Stängel mit Wurzeln.

L. dauricum Dies ist der Name einer Art oder einer Form von *L. maculatum*, die nach den Regeln der botanischen Nomenklatur korrekt eigentlich *L. pennsylvanicum* heißen müsste – ein etwas verwirrender Name für eine aus Japan stammende Pflanze. Die Blüten sind normalerweise weit geöffnete, aufrechte Schalen, die konkaven Blütenblätter nicht zurückgebogen; weiter nach außen gestreckt sind die Spitzen oft bei Formen wie der winzigen *L. maculatum dauricum* var. *alpinum*. Die typische in Europa gezogene Pflanze ist recht robust und wächst rasch aus Samen. Sie entfaltet schon recht früh in der Saison ihre großen, kräftig orangefarbenen und zum Teil goldgelben Blüten, die reichlich mit Tüpfeln überzogen sind. In der Blütenmitte sind deutliche Lücken sichtbar, wo die Blütenblätter zum Stängel hin schmaler werden.

L. maculatum Dieser Name taucht in der Lilienliteratur häufiger als *L.* x *maculatum* auf. Er bezeichnet eine Reihe von Hybridlilien, die auf japanische Arten zurückgehen. Mittlerweile wurde der Name rehabilitiert als Bezeichnung einer in Japan weit verbreiteten Art mit aufrechten Blüten und zum Stängel hin sehr schmal werdenden Blütenblättern, deren Spitzen zurückgebogen sein können. Die orange gefärbten Blüten sind über und über mit Tüpfeln in dunklem Kastanienbraun überzogen.

L. wilsonii Dies ist womöglich nur eine spät blühende Form von *L. maculatum*, aber die Blüten sind heller, oft apricotfarben und im Durchmesser bis zu 15 cm groß. Die Farbe variiert; die butterblumen- oder schwefelgelben Formen heißen *L. wilsonii* var. *flavum*, sind kastanienbraun getüpfelt und in der Mitte der Blütenblätter in dunklerem Goldgelb oder Orange gehalten.

Klassifizierung der Lilienhybriden

Auch die große Zahl von Lilienhybriden wurde der Übersichtlichkeit halber klassifiziert. Wir halten uns hier an die von der Royal Horticultural Society empfohlene Einteilung, die im Wesentlichen der Klassifikation der Lilienarten entspricht.

Division I
Hybriden, die von Arten oder Hybridengruppen abstammen wie *L. lancifolium, L. cernuum, L. davidii, L. leichtlinii, L.* x *maculatum, L.* x *hollandicum, L. amabile, L. pumilum, L. concolor, L. bulbiferum*
(a) mit aufrechten Blüten
(b) mit nach außen zeigenden Blüten
(c) mit hängenden Blüten

Division II
Hybriden des Martagon-Typus, von denen ein Elternteil eine Form von *L. martagon* oder *L. hansonii* war.

Division III
Hybriden, die von *L. candidum, L. chalcedonicum* oder verwandten europäischen Arten abstammen (aber nicht von *L. martagon*).

Division IV
Hybriden amerikanischer Arten

Division V
Hybriden, die von *L. longiflorum* und *L. formosanum* abgeleitet sind, ohne jede Beimischung sonstigen genetischen Materials.

Division VI
Hybride Trompetenlilien und Aurelianense-Hybriden, die von asiatischen Spezies abstammen, unter denen *L. henryi* ist, aber nicht von *L. auratum, L. speciosum, L. japonicum* und *L. rubellum*
(a) mit trichterförmigen Blüten
(b) mit schalenförmigen, nach außen gerichteten Blüten
(c) mit flachen Blüten
(d) mit stark zurückgebogenen Blüten

Division VII
Hybriden fernöstlicher Arten wie *L. auratum, L. speciosum, L. japonicum* und *L. rubellum*, einschließlich aller ihrer Hybriden mit *L. henryi*
(a) mit trichterförmigen Blüten
(b) mit schalenförmigen Blüten
(c) mit flachen Blüten
(d) mit zurückgebogenen Blüten

Division VIII
Alle Hybriden, die keiner der anderen Abteilungen angehören.

Adressen, Bezugsquellen, Register

Informationen und Bezugsquellen

Europäische Liliengesellschaft
Wolfgang Salzborn
Rabenweg 4
89250 Senden - Witzighausen
Tel. 07309/54 87
www.liliengesellschaft.de

Die Europäische Liliengesellschaft bietet ihren Mitgliedern nicht nur jede Menge Informationen, sondern bringt jedes Jahr eine Liste über Lilienzwiebeln heraus, die von Mitgliedern der Gesellschaft angeboten werden. Diese Listen erhalten 250 bis 350 verschiedene Sorten.
Darüber hinaus bieten folgende private Mitglieder der ELG Lilienzwiebeln an:

Gerhard Steinbrück
Hainstraße 31
12439 Berlin
Tel. 030/31 57 10

Walter Daunicht
Am Bahnhof 15
14715 Großwudicke

Weitere Informationen

Gesellschaft der Staudenfreunde
Fachgruppe Lilien
Klaus Gladbeck
Waldemar-Bonsels-Weg 32a
22926 Ahrensburg
Tel. 04102/5 49 92
www.gds-staudenfreunde.de

Firmen

Stefan Strasser
Budapester Str. 20
91056 Erlangen
Tel. 09131/99 04 73

Albrecht Hoch
Potsdamer Str. 40
14134 Berlin-Zehlendorf
Tel. 030/8 02 62 51
(Katalog gegen Schutzgebühr)

Treppens & Co.
Berliner Straße 84–88
14169 Berlin-Zehlendorf
Tel. 030/8 11 33 36

Register

Arten sind unter dem Stichwort *Lilium* aufgeführt, Sortennamen und Hybridnamen unter ihrem eigenen Namen.

Kursive Seitenzahlen verweisen auf Abbildungen.

Danksagung

Vielen Menschen gebührt Dank für ihre Mitarbeit an diesem Buch. Jane O' Shea von Quadrille und Susanne Mitchell von der RHS entwickelten und förderten die Idee zu diesem Buch und Carole McGlynn war eine hingebungsvolle Geburtshelferin und Redakteurin. Paul Welti war für das elegante Layout des Buchs verantwortlich. Andrew Lawson verbrachte in der Sommersaison viel Zeit damit, Lilien-Arten und -Sorten zu fotografieren, wenn sie ihre Blüten öffneten. Sarah Cuttle machte alle Praxisfotos. Die Mehrzahl der Lilien wurde im Garten des Autors fotografiert, andere im herrlichen Waldgarten des erfolgreichen Lilien-Enthusiasten Tim Whiteley, wo viele Arten besser gedeihen als an ihrem natürlichen Standort. John Berkeley gewährte freundlicherweise freien Zutritt zu den Gärten im Spetchley Park bei Worcester, England, wo *L. martagon* und besonders *L. monadelphum* gedeihen. Ron Blom von Bloms Bulbs stiftete eine große Anzahl von Zwiebeln verschiedener Sorten, sodass sie zum Fotografieren kultiviert werden konnten. Tony Cross und seine Frau stellten wundervolle Schnittblumen von der Chelsea Flower Show zur Verfügung und ermöglichten so wichtige Lilien-Porträts. Dr. Alan Leslie, der frühere Archivar von Wisley, hat zuvorkommend all meine Fragen zu Herkunft und Einführungsdaten beantwortet.

Bildnachweis

Der Verlag dankt allen, die Aufnahmen für dieses Buch zur Verfügung gestellt haben.
Alle Fotos stammen von Andrew Lawson außer auf den Seiten: 16; 19 oben links, oben rechts, oben Mitte; 66; 100; 112; 124; 128–129; 133; 136–137; 142; 143; 146–147; 149 oben links, oben Mitte; 151 von Sarah Cuttle; 19 unten rechts; 31 unten links; 62; 64; 70–71; 82; 85–86; 92; 97 unten links; 110 oben links von Michael Jefferson-Brown; 10 und 11 © Lindley Library, The Royal Horticultural Society.